国家出版基金项目
NATIONAL PUBLICATION FOUNDATION

十四个集中连片特困区
中药材精准扶贫技术丛书

滇桂黔石漠化区
中药材生产加工适宜技术

总主编　黄璐琦

主　编　周　涛　江维克
　　　　肖承鸿　刘大会

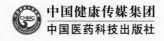

中国健康传媒集团
中国医药科技出版社

内容提要

　　《滇桂黔石漠化区中药材生产加工适宜技术》为《十四个集中连片特困区中药材精准扶贫技术丛书》之一。本书分总论和各论两部分：总论介绍滇桂黔石漠化区中药资源概况、自然环境特点、肥料使用要求、病虫害防治方法、相关中药材产业发展政策；各论选取滇桂黔石漠化区优势和常种的 24 个中药材种植品种，每个品种重点阐述植物特征、资源分布、生长习性、栽培技术、采收加工、质量标准、仓储运输、药材规格等级、药用和食用价值等内容。

　　本书供中药材研究、生产、种植人员及片区农户使用。

图书在版编目（CIP）数据

　　滇桂黔石漠化区中药材生产加工适宜技术 / 周涛等主编 . — 北京：中国医药科技出版社，2021.9

　　（十四个集中连片特困区中药材精准扶贫技术丛书 / 黄璐琦总主编）

　　ISBN 978-7-5214-2491-1

　　Ⅰ . ①滇…　Ⅱ . ①周…　Ⅲ . ①药用植物－栽培技术　②中药加工
Ⅳ . ① S567 ② R282.4

　　中国版本图书馆 CIP 数据核字（2021）第 100103 号

审图号：GS（2021）2391 号

美术编辑　陈君杞
版式设计　锋尚设计

出版　**中国健康传媒集团**｜**中国医药科技出版社**
地址　北京市海淀区文慧园北路甲 22 号
邮编　100082
电话　发行：010-62227427　邮购：010-62236938
网址　www.cmstp.com
规格　710×1000mm 　$^1/_{16}$
印张　15$^3/_8$
彩插　1
字数　297 千字
版次　2021 年 9 月第 1 版
印次　2021 年 9 月第 1 次印刷
印刷　北京盛通印刷股份有限公司
经销　全国各地新华书店
书号　ISBN 978-7-5214-2491-1
定价　68.00 元

获取新书信息、投稿、为图书纠错，请扫码联系我们。

编 委 会

总主编　黄璐琦

主　编　周　涛　江维克　肖承鸿　刘大会

编　者（以姓氏笔画为序）

丁　铃　王明川　韦德群　石海霞　冯汪银

刘　刚　刘大会　江维克　池秀莲　李　玲

李　颖　杨　杰　杨昌贵　张成刚　张进强

张新秦　肖承鸿　陈　杰　周　涛　赵　丹

徐　荣　唐　鑫　黄　艳　曹国琼　龚安慧

崔秀明　梁　晴　程　蒙

序

"消除贫困、改善民生、实现共同富裕，是社会主义制度的本质要求。"改革开放以来，我国大力推进扶贫开发，特别是随着《国家八七扶贫攻坚计划（1994—2000年）》和《中国农村扶贫开发纲要（2001—2010年）》的实施，扶贫事业取得了巨大成就。2013年11月，习近平总书记到湖南湘西考察时首次作出"实事求是、因地制宜、分类指导、精准扶贫"的重要指示，并强调发展产业是实现脱贫的根本之策，要把培育产业作为稳定脱贫攻坚的根本出路。

全国十四个集中连片特困地区基本覆盖了我国绝大部分贫困地区和深度贫困群体，一般的经济增长无法有效带动这些地区的发展，常规的扶贫手段难以奏效，扶贫开发工作任务异常艰巨。中药材广植于我国贫困地区，中药材种植是我国农村贫困人口收入的重要来源之一。国家中医药管理局开展的中药材产业扶贫情况基线调查显示，国家级贫困县和十四个集中连片特困区涉及的县中有63%以上地区具有发展中药材产业的基础，因地制宜指导和规划中药材生产实践，有助于这些地区增收脱贫的实现。

为落实《中药材产业扶贫行动计划（2017—2020年）》，通过发展大宗、道地药材种植、生产，带动农业转型升级，建立相对完善的中药材产业精准扶贫新模式。我和我的团队以第四次全国中药资源普查试点工作为抓手，对十四个集中连片特困区的中药材栽培、县域有发展潜力的野生中药材、民间传统特色习用中药材等的现状开展深入调研，摸清各区中药材产业扶贫行动的条件和家底。同时从药用资源分布、栽培技术、特色适宜技术、药材质量等方面系统收集、整理了适宜贫困地区种植的中药材品种百余种，并以《中国农村扶贫开发纲要（2011—2020年）》明确指出的六盘山区、秦巴山区、武陵山区、乌蒙山区、滇桂黔石漠化区、滇西边境山区、大兴安岭南麓山区、燕山－太行山区、吕梁山区、大别山区、罗霄山区等连片特困地区和已明确实施特殊政策的西藏、四省藏区（除西藏自治区以外的四川、青海、甘肃和云南四省藏族与其他民族共同聚住的民族自治地方）、新疆南疆三地州十四个集中连片特困区为单位整理成册，形成《十四个集中连片特困区中药材精准扶贫技术丛书》（以下简称《丛书》）。《丛书》有幸被列为2019年度国家出版基金资助项目。

《丛书》按地区分册，共14本，每本书的内容分为总论和各论两个部分，总论系统介绍各片区的自然环境、中药资源现状、中药材种植品种的筛选、相关法律政策等内容。各论介绍各个中药材品种的生产加工适宜技术。这些品种的适宜技术来源于基层，经过实践验证、简单实用，有助于经济欠发达的偏远地区和生态脆弱地区开展精准扶贫和巩固脱贫攻坚成果。书稿完成后，我们又邀请农学专家、具有中药材栽培实践经验的专家组成审稿专家组，对书中涉及的中药材病虫害防治方法、农药化肥使用方法等内容进行审定。

"更喜岷山千里雪，三军过后尽开颜。"希望本书的出版对十四个集中连片特困区的农户在种植中药材的实践中有一些切实的参考价值，对我国巩固脱贫攻坚成果，推进乡村振兴贡献一份力量。

2021年6月

前　言

脱贫攻坚的全面胜利是迈向共同富裕的重要一步，乡村产业振兴是巩固脱贫攻坚成果和推进乡村振兴战略的基础和关键。随着中药现代化发展，中药材种植作为一种特色产业受到各级政府的大力支持，成为农业结构调整、农民增收的重要途径。滇桂黔石漠化区集民族地区、革命老区、贫困地区、大石山区、边境地区于一体，是十四个集中连片特困区中面积最大、少数民族人口最多、所辖县数最多、民族自治县最多的片区。该区域生态环境脆弱，基础设施相对落后，是巩固脱贫成果与实现乡村振兴有效衔接最为特殊、最为艰难的地区。近年来，中药材产业在滇桂黔石漠化区发展迅速，走出了脱贫攻坚与生态建设、石漠化治理相结合的成功之路，中药材种植成为片区群众致富增收重要途径。然而，滇桂黔石漠化区中药材种植多以小农业生产模式，品种多、规模小，不少生产加工技术无确定的规范和标准可循，仍以口传心授方式，从业人员技术水平普遍较低，致使药材产量、质量不稳定。因此，适宜的栽培加工技术对片区中药材产业发展至关重要。

为推广滇桂黔石漠化区适宜的中药材生产加工技术，巩固脱贫攻坚成果，推进乡村振兴，在《十四个集中连片特困区中药材精准扶贫技术丛书》总主编黄璐琦院士的指导下，国家中药材产业技术体系贵阳综合试验站组织从事中药材生产加工研究的一线专业人员编写了本书。全书分为总论和各论。总论主要介绍滇桂黔石漠化区中药资源概况，以及中药材生产加工的共性技术，包括常见病虫害防治、采收加工、贮藏保管等；各论从基原、植物特征、资源分布、生长习性、栽培技术、采收加工、药典标准、仓储运输、药材规格等级、药用食用价值等方面详尽介绍了滇桂黔石漠化区主要种植的24种中药材生产加工适宜技术。

本书编写遵循"科学、规范、实用、适用"原则，参考了《中华人民共和国药典》（2020年版）、《中国植物志》《中药材商品规格等级标准汇编》及最新科研成果，同时结合生产实际，吸收了大量生产加工经验。在规范的前提下，编写的内容、格式、语言尽可能通俗易懂，力求让中药材生产加工基层从业人员理解和掌握，指导生产实践；同时，也可供中药材研究的科技人员阅读和参考。

由于编写者水平有限，书中缺点和错误在所难免，敬请读者提出宝贵意见，以便修订不断完善。

编　者

2021年9月

目　录

总　论

各　论

总 论

滇桂黔石漠化集中连片特殊困难区跨广西、贵州、云南三省（区）共91个县市，西南与缅甸、老挝、越南接壤，边境线长达3700多公里，是我国向南方各国开放的重要地带。集民族地区、革命老区和边境地区于一体，社会经济发展缓慢，贫困程度深，脱贫难度大，是国家新一轮扶贫开发攻坚战主战场中少数民族人口最多的片区。因此，加快滇桂黔石漠化区的经济开发，对加强民族团结、巩固国防、发展边贸经济、促进社会稳定和经济繁荣都具有深远的战略意义。

一、滇桂黔石漠化区概况

滇桂黔石漠化区域范围包括集中连片特殊困难地区县（市、区）80个，其他县（市、区）11个，共91个。区域内有民族自治地方县（市、区）83个、老区县（市、区）34个、边境县8个。其中，广西35个县（区）（包括资源县、靖西县、都安瑶族自治县、金城江区、忻城县、上林县、右江区、龙州县、大新县、天等县、马山县、宁明县、凤山县、西林县、隆安县、凌云县、融安县、环江毛南族自治县、巴马瑶族自治县、龙胜各族自治县、罗城仫佬族自治县、融水苗族自治县、三江侗族自治县、大化瑶族自治县、东兰县、田林县、平果县、田东县、隆林各族自治县、乐业县、那坡县、南丹县、德保县、天峨县、田阳县），贵州44个县（市、区）（包括岑巩县、天柱县、镇远县、三穗县、锦屏县、施秉县、台江县、剑河县、黎平县、瓮安县、黄平县、凯里市、雷山县、榕江县、从江县、麻江县、丹寨县、龙里县、贵定县、都匀市、三都水族自治县、独山县、荔波县、平塘县、惠水县、罗甸县、平坝县、长顺县、普定县、西秀区、镇宁布依族苗族自治县、关岭布依族苗族自治县、紫云苗族布依族自治县、六枝特区、晴隆县、望谟县、钟山区、水城县、普安县、兴仁县、贞丰县、安龙县、册亨县、兴义市），云南12个县（市）（包括文山市、广南县、泸西县、丘北县、西畴县、屏边苗族自治县、马关县、麻栗坡县、富宁县、罗平县、师宗县、砚山县）。区域国土面积为22.8万平方公里，2010年末，总人口3427.2万人，其中乡村人口2928.8万人。区域内居住着壮族、苗族、彝族、瑶族、回族、布依族、仡佬族、傣族、白族、蒙古族、毛南族、水族等40多个少数民族，其中，少数民族人口数超过该区域总人口的半数以上，在一些少数民族聚集区域，如广西的河池、百色、崇左等地，高达80%以上。

（一）区域的自然环境

滇桂黔地处我国地势的第二阶梯，长江、珠江两大流域的上游及支流的分山峻地带。居高临下的位置，成为长江、珠江中下游地区的天然生态屏障。区域内河流纵横，有红水河、左江、右江、融江、清水江等河流，水资源蕴藏量大，水能可开发量4950万千瓦，占全国的1/10；区域矿产资源品种多样，全国已探明的140多种矿产中，分布有100多种，特别是有色金属和稀土金属资源在我国占极重要的地位，也是目前我国重要的煤、磷、铝、锡、汞、锰、锑、铜等多种矿产的主产地。

滇桂黔地区气候类型主要为亚热带湿润季风气候，年均降水量880～1990毫米。生物资源极其丰富，高等植物1.5万余种，占全国种子植物总数的一半以上，森林覆盖率47.7%，是珠江、长江流域重要生态功能区。草食牲畜等是本区的农产品优势。国家级重点保护动物有黔金丝猴、白头叶猴、黑颈鹤、牛羚、亚洲象、林麝、大鲵等。旅游资源有云南的石林、滇池，广西的桂林、阳朔山水，贵州的黄果树瀑布、安顺龙宫等，均闻名于世，区内尚有许多名山、秀水、奇峰、异洞、石林、瀑布、湖泊、峡谷等独特的岩溶风光有待开发。

1. 区域的地形地貌

滇桂黔石漠化区位于珠江上游石灰岩地区，是我国石灰岩地貌集中连片的区域。该区域国土总面积为22.8万平方公里，大部地处云贵高原东南部及其与广西盆地过渡地带，南与越南接壤，属典型的高原山地构造地形，碳酸盐类岩石分布广，石漠化面积大，是世界上喀斯特地貌发育最典型的地区之一。岩溶面积11.1万平方公里，占总面积的48.7%。长期的岩溶作用形成了地表、地下双层岩溶水文地质结构，即岩溶地貌，也称喀斯特地形。在地表水和地下水垂直循环作用和地下洞穴塌陷下形成岩溶洼地，洼地周围被石灰石包围，洼地直径100～500米，最大的可达2000米，底部被红土覆盖，附生漏斗。而岩溶断裂带发育形成岩溶谷地，宽百米至数百米，长数公里至数十公里，底部平坦，有的有河流，两岸分布梯田。

该区域地形总趋势是从西北向东南倾斜下降，总体上为崎岖的丘陵山原，地势升降复杂，海拔呈不均匀状，滇东南最高山为文山老君山（2991米），最低在麻栗坡天宝附近盘龙江下游（107米），地面海拔一般从2000米下降到1600~1300米，通常高度为500~1200米；黔西南、黔南的大部分地方海拔在1400米以下，最高在兴义九成山（2207米），而红水河及其支流流经的河谷地区，海拔低至250~500米（罗甸双江口250米）；进入广西境内，地势又略升高，桂西北田林秦皇老山（2062米）为最高，桂中为盆地，以柳州为中心，除山脉外一般为200~500米之间的丘陵，地势有所低落，桂中盆地的西南方是右江谷地、左江谷地和南宁盆地，再往南，东南侧以低山为主，一般海拔1000米以下，西南侧一般海拔500~1000米。

2. 区域的生态环境

滇桂黔石漠化区属亚热带季风气候区，气候温和湿润，平均气温12~21℃，因地形复杂，地势高低悬殊，"立体气候"明显。由南部海拔400米左右的低热河谷到北部海拔2200米以上的高原山区，依次出现北热带、南亚热带、中亚热带、北亚热带、暖温带五个主要气候类型带。

本区降水量大，平均年降水量1100毫米，多年平均地表径流量2289.4亿立方米，每平方公里51.0万立方米，为全国平均的2倍多。但降水时空分布不均，雨季6~10月降水量占总量的65%~85%，枯水期11月到来年5月，大量河流断流，农作物常常受旱，特别因受岩溶地貌裂隙、断层、地表漏斗影响，形成"天上降水多，地下蕴藏水多，地表旱情重"的特殊现象，水资源利用率低。

区域土壤主要为红壤、黄壤及石灰土。自南向北，土壤分布呈一定的地带性：热带北缘季雨林发育下的是砖红壤；季风常绿阔叶林下发育的是赤红壤；北回归线以北的低山丘陵，中亚热带常绿阔叶林下大面积发育的是红壤。垂直分布上，基带为砖红壤或赤红壤的山地常绿阔叶林下发育的是山地赤红壤、山地黄壤、山顶矮林草甸土；基带为红壤的山地常绿阔叶混交林下发育的土壤为山地红壤、山地黄棕壤、山地矮林草甸土。另外，还有多种类型的地域性土壤，如干热河谷发育有燥红土，在喀斯特区广泛发育有棕色石灰土、黑色石灰土，局部地方如罗甸龙坪、武鸣、宁明、东兴、钦州还分布有母质为紫色砂、页岩风化而成的紫色土。

（二）区域的中药资源现状

因丰富的自然资源而蕴藏着大量的药用资源，区域分布的药用植物主要有三七、罗汉果、白及、石斛、半夏、两面针、山银花、艾纳香、肉桂、天花粉、杜仲、厚朴、吴茱萸、莪术、天麻、广金钱草、钩藤等。按省（区）划分的来看，各地中药资源现状如下。

1. 滇桂黔石漠化区-云南区域

云南所拥有的中草药资源达6559种，居全国首位，云南野生植物药材蕴藏量为9亿多公斤，其中100万公斤以上的有96种，10万至100万公斤的有191种，栽培植物药材145种，年产量达2200多万公斤，药材资源十分丰富。其中栽培的药用植物有云木香、当归、三七、党参、红花、附子、白术、山药、川芎、川牛膝、枳壳、乌梅、胡椒、檀香、吴茱萸、蔓荆子、木蝴蝶等。野生中药资源有川贝母、胡黄连、雪上一枝蒿、羌活、三尖杉、半夏、天南星、草乌、猪苓、杜仲、防风、何首乌、茯苓、鸡血藤、前胡、百部、柴胡、仙茅、红豆蔻、草豆蔻、马槟榔、龙血树、芦荟、千年健等。

2. 滇桂黔石漠化区-贵州区域

贵州中草药资源共有4802种，其中植物药4419种，动物药301种，矿物药82种。全国统一普查的363种重点品种中，贵州有328种，占90.3%，国家收购的重点药材贵州有250种左右。在国内外有一定影响地位、质量佳的中药材有天麻、吴茱萸、南沙参、毛慈菇、白及、黄连、石斛、南沙参、竹节人参、杜仲、黄柏、半夏、天冬、何首乌、金银花（山银花）等。具有一定种植规模及产量的中药材有太子参、杜仲、金银花（山银花）、头花蓼、石斛、天麻、钩藤、半夏、生姜、厚朴、薏苡仁、百合、续断、淫羊藿、艾纳香、丹参、黄精、天冬、党参、吴茱萸、白术、桔梗、毛慈菇、冰球子、白及、何首乌、瓜蒌、南板蓝根、射干、玉竹、白花前胡、银杏、喜树、鱼腥草、芦荟等。

3. 滇桂黔石漠化区-广西区域

广西是我国中草药资源大省，全省拥有中草药资源4623种（不包括海洋药物），约占全国中草药资源的1/3；其中特产药材112种，包括罗汉果、蛤蚧、肉桂、八角、田七、鸡骨草、龙血竭等；重点调查的270种药材蕴藏量估算达45万吨。目前全国400多种常用中药原料药材中有70多种主要来源于广西，其中10多种占全国总产量的50%～80%，罗汉果、鸡血藤、广豆根高达90%以上。

二、滇桂黔石漠化区中药产业扶贫对策

1. 因地制宜，循序渐进，坚持走可持续发展之路

滇桂黔石漠化区多是中西部丘陵山地，地质状况复杂，土壤肥力不高，因而种植中药材应充分利用当地自然条件，因地制宜发展中药材产业，通过推广适度的生态种植技术，既有利于扶贫开发，又符合生态保护要求。在中药材种植基地建设上，以提高中药材品质，增加农民效益为前提，坚持因地制宜、统筹规划、合理布局的原则，规划中药材种植品种和面积，要进一步注重生态环境的保护、资源的合理开发利用，科学决策，实现社会经济、生态环境的可持续发展。中药材产业发展要在充分调查研究的基础上，根据当地优势、市场需求、社会经济状况等条件，循序渐进，稳步推进，充分发挥区域内民族特色药的优势和特点。同时在发展中坚持高起点的建设标准，逐步建立和扩大生产基地、开拓市场，增强市场竞争力，实现中药材产业的可持续发展。

2. 切实落实有关政策，保持长期稳定抓好道地药材基地建设

坚持科学规划、合理布局、发挥优势，重点结合农业产业化经营、生态建设、农业综合开发项目的实施，重点选择适宜地区发展各区域道地药材种植专业户、专业村、专业合作社，采取"政府+企业+农户""农民专业合作组织+农户"等模式发展种植规范化、集约化、规模化的药材生产基地，为中药现代化科技产业的发展提供原料保证。促进农村分散生产向组织化、规模化、现代化生产方式转变。

3. 充分发挥民族医药资源优势，做好民族医药产业规划

滇桂黔石漠化区少数民族聚集众多，民族医药资源丰富，应用历史悠久。民族医药产业辐射着种植、加工、养生、旅游、休闲、文化、制药等多个产业领域，依托丰富的三七、石斛、青蒿、天麻、太子参、金银花等中药材资源，积极发展中药和壮、苗、瑶、布依等民族特色药品以及保健食品等。政府部门应加大对各行业相关从业人员和专家的整合力度，做好产业的规划和整合优化。同时收集地方民族医药种植、加工、文化等方面的材料，组织多行业专家从多角度进行立体评估，找准可以切入的一到两个增长点，引进高新技术，培育壮大现代制药企业，整合现有医药产业资源，利用现代生物技术，积极发展中药材饮片、中间体、制剂和保健食品生产，逐步形成种植、加工及销售一体化的生物医药和现代中药产业体系，加快推进生物产业基地等建设，将其融入民族医药多产业的协同

发展中来。

4. 完善中药材产业服务体系建设

完善中药材产前、产中、产后服务。加强种植技术推广、病虫害防控、农业机械推广、质量安全和检验检测服务等服务体系建设，提高社会化服务水平。积极开展"药超对接""药社对接"等多种形式的产销衔接，推进药材产品网上洽谈和交易，完善区域内常用中药材的市场管理。

三、滇桂黔石漠化区中药产业扶贫成效

为认真贯彻落实全面建成小康社会和减少贫困人口的要求，根据国务院印发的《中国农村扶贫开发纲要（2011—2020）》及《滇桂黔石漠化片区区域发展与扶贫攻坚规划（2011—2020年）》等文件精神，各部委及滇桂黔地方政府立足于区域中药材资源与气候特点，坚持"大健康、大品种、产业扶贫、山地特色"发展思路，将中药材产业发展与精准脱贫充分衔接，出台了一系列中药材产业扶持文件，如国家中医药管理局制定了《中药材产业扶贫行动计划（2017—2020年）》、贵州省政府颁布了《贵州省发展中药材产业助推脱贫攻坚三年行动方案（2017—2019年）》、广西壮族自治区政府印发了《中药材保护和发展规划（2015—2020年）广西实施方案》等文件，明确要求把发展中药材产业作为特色产业加以培育壮大，建立切实有效的产业利益联结机制，将滇桂黔建设成全国扶贫开发攻坚示范区。近年来经过政策扶持和多方努力，滇桂黔石漠化区中药材产业及扶贫工作取得了一定成效。

1. 种植面积不断扩大，贫困群众收入提高

随着中药产业的发展及扶贫政策的推进，许多地方把中药材种植作为促进农业产业结构调整、增加农民收入、发展地区经济、帮助农户脱贫的重要举措来抓，中药材种植面积不断扩大。截至2017年，贵州中药材种植面积（含野生保护抚育和石漠化治理）达到579万亩，单品种种植面积上10万亩的有刺梨、薏苡仁、金银花（山银花）、杜仲等13个品种（《贵州省中药民族药产业统计报告（2018）》）；广西中药材种植面积超过600万亩，单品种种植面积上10万亩的有八角、玉桂、罗汉果、牛大力等9个品种（《中国中药资源发展报告（2017）》）；云南中药材种植面积达到665万亩，单品种种植面积上10万亩的有三七、重楼、茯苓、草果等17个品种（《中国中药资源发展报告（2017）》）。中药材产业

作为滇桂黔石漠化区域实施精准扶贫的重要产业之一，随着种植规模的扩大，贫困地区群众在中药材产业发展中获得的收入逐年增长。

2. 种植品种及模式不断增加，农村经济效益提高

近十年来，滇桂黔石漠化区域中药材栽培品种在原有50多种的基础上，又增加了太子参、天冬、黄精、续断、金铁锁、滇重楼等，该区域栽培的中药材品种发展到100多种。同时，针对中药材自身生长规律及种植的特殊性，各地选择适合本地气候条件、农民易于接受的中药材品种，探索了林药结合、粮药间作、以短养长等多种实用的种植模式；部分区域和品种已探索并模仿出中药材适应的生长环境和条件，形成中药材仿生栽培的生态种植模式。如淫羊藿、钩藤、天麻等林下种植；半夏与玉米、何首乌与玉米、白及与果树等进行间、套作，具有长短结合、节约耕地、见效快、效益高等特点，取得了较好的效果。

3. 组织模式不断提高，脱贫致富步伐加快

滇桂黔石漠化区域中药材生产依托中药制药骨干企业和中药材专业合作组织，积极培育了组织化程度高、带动能力强的中药材种（养）植和加工企业以及专业化程度高、技术先进的种（养）植大户和家庭农场，建立"公司+基地+农户""公司+专业合作社+农户"等形式，发动农户种植，形成"种植—加工—提取—销售"一条龙的产业链，辐射带动广大农户发展中药材种植，带动项目区农户收入显著增长，并涌现出一批年收入过万甚至过十万、百万的种植大户。

4. 规范化水平及品牌影响力不断提升，产业扶贫效益增强

滇桂黔石漠化区域多家制药企业、中药材生产企业陆续建立了自己的药材生产基地，开展中药材规范化种植。建立了莪术、牛大力、三七、铁皮石斛、滇重楼、滇龙胆、灯盏花、何首乌、太子参、淫羊藿、头花蓼、天麻、杜仲、吴茱萸等70多个中药材品种的规范化、标准化种植体系。三七、灯盏花、云木香、铁皮石斛、滇重楼、当归、何首乌、太子参、头花蓼、淫羊藿等品种分别通过国家GAP认证。文山三七、昭通天麻、红河灯盏花、程海螺旋藻、桂林罗汉果、陆川橘红、藤县粉葛、赤水金钗石斛、德江天麻、大方天麻、施秉太子参等一批品种获得国家地理标志产品保护。"云药""广药""黔药""壮药""傣药""苗药"在全国的影响力不断增强，竞争力不断提高。

5. 科研体系不断完善，持续脱贫造血功能增强

滇桂黔石漠化区域不仅具有丰富的天然药物资源，还有极具特色的壮、瑶、苗、傣、侗等少数民族医药资源，是我国原料药产业发展的宝库，开展中药原料药资源保护、规范化种植、质量评价、特色民族药产业等研究必不可少。近年来，广西中医药大学、贵州中医药大学、云南中医药大学、广西壮族自治区药用植物园、昆明理工大学等一批具有研发水平的专业机构，为该区域中药材产业创新发展奠定了坚实基础。2014年国家中医药管理局设立了"中药原料质量监测体系建设"项目、2017年中华人民共和国农业农村部启动了"国家中药材产业技术体系"建设，滇桂黔石漠化区域分别建设有"云南省级中心""广西省级中心""贵州省级中心""昆明综合试验站""南宁综合试验站"和"贵阳综合试验站"，并附属配建了中药原料资源动态监测与信息服务站和中药产业技术体系功能实验室。相关中药材研究机构及平台陆续开展了此区域中药材野生变家种、引种栽培、规范化栽培等实用技术研究和推广工作，将中药材种植纳入农业技术推广和服务范围，加大对药农的培训力度，中药材种植科研能力和技术水平得到进一步加强，从事中药材种植技术推广的技术人员迅速增加，中药产业发展的科技支撑体系逐步完善。

四、中药材相关政策法律法规

1.《中华人民共和国药品管理法》（节选）

第四条　国家发展现代药和传统药，充分发挥其在预防、医疗和保健中的作用。

国家保护野生药材资源和中药品种，鼓励培育道地中药材。

第十六条　国家支持以临床价值为导向、对人的疾病具有明确或者特殊疗效的药物创新，鼓励具有新的治疗机理、治疗严重危及生命的疾病或者罕见病、对人体具有多靶向系统性调节干预功能等的新药研制，推动药品技术进步。

国家鼓励运用现代科学技术和传统中药研究方法开展中药科学技术研究和药物开发，建立和完善符合中药特点的技术评价体系，促进中药传承创新。

国家采取有效措施，鼓励儿童用药品的研制和创新，支持开发符合儿童生理特征的儿童用药品新品种、剂型和规格，对儿童用药品予以优先审评审批。

第三十九条　中药饮片生产企业履行药品上市许可持有人的相关义务，对中药饮片生产、销售实行全过程管理，建立中药饮片追溯体系，保证中药饮片安全、有效、可追溯。

第四十三条　从事药品生产活动，应当遵守药品生产质量管理规范，建立健全药品生

产质量管理体系，保证药品生产全过程持续符合法定要求。

药品生产企业的法定代表人、主要负责人对本企业的药品生产活动全面负责。

第四十四条　药品应当按照国家药品标准和经药品监督管理部门核准的生产工艺进行生产。生产、检验记录应当完整准确，不得编造。

中药饮片应当按照国家药品标准炮制；国家药品标准没有规定的，应当按照省、自治区、直辖市人民政府药品监督管理部门制定的炮制规范炮制。省、自治区、直辖市人民政府药品监督管理部门制定的炮制规范应当报国务院药品监督管理部门备案。不符合国家药品标准或者不按照省、自治区、直辖市人民政府药品监督管理部门制定的炮制规范炮制的，不得出厂、销售。

第四十五条　生产药品所需的原料、辅料，应当符合药用要求、药品生产质量管理规范的有关要求。

生产药品，应当按照规定对供应原料、辅料等的供应商进行审核，保证购进、使用的原料、辅料等符合前款规定要求。

第四十六条　直接接触药品的包装材料和容器，应当符合药用要求，符合保障人体健康、安全的标准。

对不合格的直接接触药品的包装材料和容器，由药品监督管理部门责令停止使用。

第四十七条　药品生产企业应当对药品进行质量检验。不符合国家药品标准的，不得出厂。

药品生产企业应当建立药品出厂放行规程，明确出厂放行的标准、条件。符合标准、条件的，经质量受权人签字后方可放行。

第四十八条　药品包装应当适合药品质量的要求，方便储存、运输和医疗使用。

发运中药材应当有包装。在每件包装上，应当注明品名、产地、日期、供货单位，并附有质量合格的标志。

第四十九条　药品包装应当按照规定印有或者贴有标签并附有说明书。

标签或者说明书应当注明药品的通用名称、成份、规格、上市许可持有人及其地址、生产企业及其地址、批准文号、产品批号、生产日期、有效期、适应症或者功能主治、用法、用量、禁忌、不良反应和注意事项。标签、说明书中的文字应当清晰，生产日期、有效期等事项应当显著标注，容易辨识。

麻醉药品、精神药品、医疗用毒性药品、放射性药品、外用药品和非处方药的标签、说明书，应当印有规定的标志。

第五十八条　药品经营企业零售药品应当准确无误，并正确说明用法、用量和注意事项；调配处方应当经过核对，对处方所列药品不得擅自更改或者代用。对有配伍禁忌或者超剂量的处方，应当拒绝调配；必要时，经处方医师更正或者重新签字，方可调配。

药品经营企业销售中药材，应当标明产地。

依法经过资格认定的药师或者其他药学技术人员负责本企业的药品管理、处方审核和调配、合理用药指导等工作。

第六十条　城乡集市贸易市场可以出售中药材，国务院另有规定的除外。

第六十三条　新发现和从境外引种的药材，经国务院药品监督管理部门批准后，方可销售。

第一百一十七条　生产、销售劣药的，没收违法生产、销售的药品和违法所得，并处违法生产、销售的药品货值金额十倍以上二十倍以下的罚款；违法生产、批发的药品货值金额不足十万元的，按十万元计算，违法零售的药品货值金额不足一万元的，按一万元计算；情节严重的，责令停产停业整顿直至吊销药品批准证明文件、药品生产许可证、药品经营许可证或者医疗机构制剂许可证。

生产、销售的中药饮片不符合药品标准，尚不影响安全性、有效性的，责令限期改正，给予警告；可以处十万元以上五十万元以下的罚款。

第一百五十二条　中药材种植、采集和饲养的管理，依照有关法律、法规的规定执行。

第一百五十三条　地区性民间习用药材的管理办法，由国务院药品监督管理部门会同国务院中医药主管部门制定。

2.《中华人民共和国中医药法》（节选）

第三章　中药保护与发展

第二十一条　国家制定中药材种植养殖、采集、贮存和初加工的技术规范、标准，加强对中药材生产流通全过程的质量监督管理，保障中药材质量安全。

第二十二条　国家鼓励发展中药材规范化种植养殖，严格管理农药、肥料等农业投入品的使用，禁止在中药材种植过程中使用剧毒、高毒农药，支持中药材良种繁育，提高中药材质量。

第二十三条　国家建立道地中药材评价体系，支持道地中药材品种选育，扶持道地中药材生产基地建设，加强道地中药材生产基地生态环境保护，鼓励采取地理标志产品保护等措施保护道地中药材。

前款所称道地中药材，是指经过中医临床长期应用优选出来的，产在特定地域，与其他地区所产同种中药材相比，品质和疗效更好，且质量稳定，具有较高知名度的中药材。

第二十四条　国务院药品监督管理部门应当组织并加强对中药材质量的监测，定期向社会公布监测结果。国务院有关部门应当协助做好中药材质量监测有关工作。

采集、贮存中药材以及对中药材进行初加工，应当符合国家有关技术规范、标准和管理规定。

国家鼓励发展中药材现代流通体系，提高中药材包装、仓储等技术水平，建立中药材流通追溯体系。药品生产企业购进中药材应当建立进货查验记录制度。中药材经营者应当建立进货查验和购销记录制度，并标明中药材产地。

第二十五条　国家保护药用野生动植物资源，对药用野生动植物资源实行动态监测和定期普查，建立药用野生动植物资源种质基因库，鼓励发展人工种植养殖，支持依法开展珍贵、濒危药用野生动植物的保护、繁育及其相关研究。

第二十六条　在村医疗机构执业的中医医师、具备中药材知识和识别能力的乡村医生，按照国家有关规定可以自种、自采地产中药材并在其执业活动中使用。

第二十七条　国家保护中药饮片传统炮制技术和工艺，支持应用传统工艺炮制中药饮片，鼓励运用现代科学技术开展中药饮片炮制技术研究。

第二十八条　对市场上没有供应的中药饮片，医疗机构可以根据本医疗机构医师处方的需要，在本医疗机构内炮制、使用。医疗机构应当遵守中药饮片炮制的有关规定，对其炮制的中药饮片的质量负责，保证药品安全。医疗机构炮制中药饮片，应当向所在地设区的市级人民政府药品监督管理部门备案。

根据临床用药需要，医疗机构可以凭本医疗机构医师的处方对中药饮片进行再加工。

第二十九条　国家鼓励和支持中药新药的研制和生产。

国家保护传统中药加工技术和工艺，支持传统剂型中成药的生产，鼓励运用现代科学技术研究开发传统中成药。

第三十条　生产符合国家规定条件的来源于古代经典名方的中药复方制剂，在申请药品批准文号时，可以仅提供非临床安全性研究资料。具体管理办法由国务院药品监督管理部门会同中医药主管部门制定。

前款所称古代经典名方，是指至今仍广泛应用、疗效确切、具有明显特色与优势的古代中医典籍所记载的方剂。具体目录由国务院中医药主管部门会同药品监督管理部门制定。

第三十一条　国家鼓励医疗机构根据本医疗机构临床用药需要配制和使用中药制剂，支持应用传统工艺配制中药制剂，支持以中药制剂为基础研制中药新药。

第三十二条　医疗机构配制的中药制剂品种，应当依法取得制剂批准文号。但是，仅应用传统工艺配制的中药制剂品种，向医疗机构所在地省、自治区、直辖市人民政府药品监督管理部门备案后即可配制，不需要取得制剂批准文号。

医疗机构应当加强对备案的中药制剂品种的不良反应监测，并按照国家有关规定进行报告。药品监督管理部门应当加强对备案的中药制剂品种配制、使用的监督检查。

第四十三条　国家建立中医药传统知识保护数据库、保护名录和保护制度。

中医药传统知识持有人对其持有的中医药传统知识享有传承使用的权利，对他人获取、利用其持有的中医药传统知识享有知情同意和利益分享等权利。

目前，全国栽培中药材种类已近500种，由于各中药材的分布区域、生长习性、入药部位等特殊性，药材的生产加工技术也相差较大，即使是同一种药材，在不同产区也存在栽培经验或药材加工技术差异。但在生产加工过程中亦有部分共性技术，如中药材常见病虫害防治、中药材的采收加工、中药材的仓储保管等。

一、中药材常见病虫害防治

（一）防治方法

中药材病虫害防治应严格遵守"预防为主、综合防治"原则。病虫害防治应依据安全、有效、实用、经济的防治理念，农业、生物和物理防治优先，化学农药防治辅助。

1. 农业防治

农业防治是中药材病虫害防治中经济实用的防治方法，是通过改进耕作管理，创造有利于药材生长而不利于病虫害生存的环境，达到控制病虫害发生、传播。如筛选抗病抗虫新品种；翻耕土壤使地下病菌、害虫卵翻到地表；合理轮作、套作和间作；中耕除草，严格淘汰病株，及时摘除病叶；采收后清洁田园，清除携带有病虫的残株枝叶和杂草等。

2. 生物防治

生物防治是利用有益生物或其代谢产物对中药材病虫害进行有效防治的技术，具有经济、有效、安全等优点。植物中含有多样的活性物质，其中多种物质具有杀虫活性，如苦参碱、烟碱、黎芦碱、印楝素等；动物活体或其代谢产物亦是防治有害生物的一类农药，如捕食性昆虫和其次生代谢产物，次生代谢产物如昆虫毒素、昆虫激素和昆虫信息素等；

动物本体防治有害生物，如"以虫治虫、以鸟治虫"等；微生物菌体及其次生代谢产物也作为防治病虫害的一类农药，如灭幼腺、阿维菌素、BT乳剂等。

3. 物理防治

物理防治是指利用物理因素防治病虫害的方法。常见方法是利用害虫对特殊颜色有趋性而进行驱避或诱杀，如常用黄板、蓝板等；将存储的种子及种苗进行辐照处理，杀死药材上的害虫、虫卵和病原菌等；利用紫外线辐照土壤，杀死土壤中的病原菌、虫源和杂草种子等。

4. 化学防治

化学防治是中药材病虫害防治较常用方法。从生态环保角度出发，化学防治的重要措施是在化学农药使用过程中，严格控制化学农药种类与用量，保证药材的农残及重金属含量达标。化学农药使用过程中应该做到科学合理，对症用药及适时用药，严格执行用药安全间隔。

（二）农药防治原则

（1）禁止使用剧毒、高毒、高残留或有致癌、致畸、致突变的农药。剧毒、高毒、高残留农药品种有六六六、滴滴涕、毒杀芬、二溴氯丙烷、杀虫脒、二溴乙烷、除草醚、艾氏剂、狄氏剂、汞制剂、砷类、铅类、敌枯双、氟乙酰胺、甘氟、毒鼠强、氟乙酸钠、毒鼠硅、甲胺磷、对硫磷、甲基对硫磷、久效磷、磷胺、苯线磷、地虫硫磷、甲基硫环磷、磷化钙、磷化镁、福美肿、福美甲肿、胺苯磺隆单剂、甲磺隆单剂、百草枯（水剂）、磷化锌、硫线磷、蝇毒磷、治螟磷、特丁硫磷、氯磺隆、胺苯磺隆复配制剂，甲磺隆复配制剂、甲拌磷、甲基异柳磷、内吸磷、克百威（呋喃丹）、涕灭威（神农丹）、灭线磷、硫环磷、氯唑磷、水胺硫磷、灭多威、硫丹、溴甲烷、杀扑磷、氯化苦、氧乐果、三氯杀螨醇、氰戊菊酯、丁酰肼、氟虫腈、丁硫克百威、乙酰甲胺磷、乐果、毒死蜱、三唑磷及其复配剂。

（2）推广使用对人、畜无毒害，对环境无污染，对产品无残留的植物源农药、微生物农药及仿生合成农药。

（3）提倡交替用药，每种药剂喷施2～3次后，应改用另一种药剂，以免病毒菌产生抗药性。

（4）按中药材种植常用农药安全间隔期喷药，施药期间不能采挖商品药材，比如50%多菌灵安全间隔期15天，70%甲基托布津安全间隔期10天，敌百虫安全间隔期7天。

（三）常见病害的防治技术

1. 霜霉病和白锈病

霜霉病主要危害叶片，发病时叶片背面有一层霜状霉层，霉层呈密集状或稀疏状，霉层颜色起初为白色，后期变为灰色至灰黑色，最后使叶片变黄枯死。白锈病主要危害叶片，发病时叶片正面出现黄白色斑点，几个小斑逐渐连成大斑，叶片背面有白色疱状病斑，破裂后散出白色的粉末，为病菌孢子囊，属真菌中的一种。防治措施：①选择抗病力强的品种栽培；②加强田间管理，提高植株抗病力和降低田间湿度，做好清理工作，清除病残体以消灭或减少越冬菌源；③发病期喷1∶1∶120波尔多液或65%代森锌500倍液，每10～15天1次，连续用2～3次。

2. 白粉病

多危害叶片、嫩茎、花和果实，叶片发病初期为近圆形的白色绒状霉斑，发病后期，霉层颜色逐渐变为灰色至灰褐色，在霉层中长出小黑点，即病菌孢子。发病严重者叶片卷曲，变黄枯死。防治措施：①收获后及时清理田间，将病株烧毁深埋，减少病原；②加强田间管理，降低田间湿度；③发病期用50%甲基托布津1000倍液或25%粉锈宁1500倍液喷雾防治。

3. 锈病

多危害叶片、嫩茎、花和果实，初期叶背生有黄褐色颗粒状孢子堆，破裂后孢子粉如铁锈，后期叶面出现灰褐色病斑，严重时全株枯死。防治措施：①选用抗病品种；②清除寄主植物；③改善栽培条件，选择地势高燥、排水良好的土地栽植；④发病期，喷洒97%敌锈钠400倍液防治，每7～10天喷1次，连续喷3～4次。

4. 叶斑病

危害叶片、茎部及叶柄，起初叶片上可见类圆形褐色斑块，边缘不明显，严重时叶片扭曲、干枯、变黑；茎和叶柄上的病斑呈长条形，花瓣感染会造成边缘枯焦，严重时导致整株叶片萎缩枯凋。防治措施：①收获后彻底清理田间，烧毁深埋；②合理施氮肥，加强田间管理；发现病株、病叶立即除去，防止病情蔓延；③若病情已蔓延，可喷洒160～200倍等量波尔多液，每10～15天一次，或65%代森锌500～600倍液，每7～10天喷一次，连续喷3～4次。

5. 叶枯病

发生时造成叶片枯死脱落。发病时先在叶尖或叶缘发生，扩展迅速，后期病斑连成片，呈焦枯状或枯死脱落。防治措施：①收获后彻底清理田间，集中烧毁，减少越冬菌源；②增施磷、钾肥，加强田间管理，促进植株生长健壮；③忌连作，实行轮作；④发病期，摘除病叶，并交替喷施1∶1∶100波尔多液和50%托布津1000倍液。

6. 枯萎病

发病初期下部叶片表现褪绿，然后逐渐萎黄枯死。防治措施：①选用健壮无病种苗，实行轮作；②增施腐熟的有机肥；加强田间管理，作高畦，开深沟，排水降低湿度，及时排除田间积水；③发现病株及时拔除，并在病穴中撒施石灰粉或用50%多菌灵1000倍液浇灌。

7. 菌核病

发病植株茎基部、芽头及根茎部等部位逐渐腐烂，变成褐色，并在发病部位及附近土面以及茎秆基部的内部，生有黑色的菌核和白色菌丝体，使植株枯萎死亡。防治措施：①实行水旱轮作或与禾本科作物轮作；②深翻土壤，将菌核翻入土中；③加强田间管理，及时排水；④发病初期及时拔除病株并用50%氯硝胺0.5千克加石灰10千克，撒在病株茎基及周围土面，或用50%腐霉利1000倍液浇灌。

8. 立枯病

发病初期，在幼苗近地面茎基部出现黄褐色长形病斑，病斑向茎部周围扩散，造成烂茎，后延伸绕茎，茎部坏死收缩成线形。由于茎基部干缩，失去输送养分和水分的功能，使幼苗枯萎，成片倒伏枯死。发病较晚的，由于木质化程度高，呈现立枯状。防治措施：①轮作或土壤消毒后再育苗；②降低土壤湿度；进行药物浸种或拌种，即将种子放入65%肿·锌·福美双500倍液或50%敌磺钠500倍液中浸泡10～30分钟；③发现病株及时拔除，发病早期用5%的石灰水淋灌，每7天淋灌1次，连续3～5次。

9. 根腐病

发病初期，先是个别的侧根或须根变褐腐烂，逐渐向主根扩展，主根发病后，导致根或根茎全部腐烂。发病初期植株症状表现不明显，随着根部腐烂程度的加剧，叶色由绿逐渐变黄，萎蔫状况不能恢复，最后叶片自上而下逐渐枯死。防治措施：①实行轮作，最好是与禾本科作物实行轮作；②对土壤进行消毒；③增施经过充分腐熟的有机肥；繁殖材料在播种前用胂·锌·福美双或托布津进行消毒。

10. 白绢病

多为根或茎发病，植株输送水分受阻，地上部逐渐萎蔫。防治措施：①与禾本科作物轮作；②选用无病健种作种；③加强田间管理，雨季及时排水，避免土壤湿度过大；④发现病株，及时挖除病株及周围病土，并用石灰消毒，或用50%多菌灵或50%甲基托布津500倍液浇灌病区。

（四）虫害的防治技术

1. 蝼蛄

主要危害根部，使植株生长发育不良，以致枯死或咬食种子和幼苗，造成缺苗断垄。防治措施：①前茬作物收获之后，翻耕土地，将其成虫或卵暴露于地面冻死、晒死；②播种前，用适当浓度的农药进行拌种；③利用一定的食料，拌上一定量的毒药，于傍晚撒于田间进行诱杀；④利用其趋光性进行灯光诱杀；⑤在大量发生时，可用90%的敌百虫1000倍液浇灌药材植株的根部。

2. 蛴螬

主要取食萌发的种子或幼苗的根茎，断口整齐。同时也危害根部或根茎部，成虫能够取食植株的叶片。防治措施：①早春或晚秋栽种之前，及时耕翻耙整土地，将幼虫暴露于地面冻死、晒死；②生长期发现虫害时，亩用2千克3%克百威颗粒剂拌细土25～50千克，结合中耕培土沿垄撒施；③施用腐熟的厩肥；④成虫可用灯光进行诱杀，或用90%的晶体敌百虫1000倍液喷洒。

3. 地老虎

初龄幼虫多在心叶和叶腋间取食，4龄后能从幼苗基部咬断嫩茎。食性复杂，能危害多种中药材。防治措施：①春季出苗前，及时除去田间杂草；②用98%的敌百虫晶体1000倍液或5%杀虫菊酯乳油3000倍液进行喷杀初龄幼虫；③在幼虫的高龄阶段，每亩用98%的敌百虫晶体溶解在4～5千克水中喷洒于15～20千克切碎的鲜草或其他绿肥上，做成鲜草毒饵，傍晚时撒于幼苗的周围。

4. 天牛

幼虫通过钻蛀进入内部茎秆取食，造成植株生长衰弱，甚至植株折断、枯死。防治措施：①成虫发生期，进行人工捕杀；②幼虫期，用注射器将40%乐果乳油、59%杀螟硫磷乳油或50%敌敌畏乳油的200倍液，注入茎秆上的虫孔内至流出为止，再用黄泥将虫孔密封。

5. 玉米螟

幼虫孵化后爬行到心叶上取食，2～3龄后的幼虫钻入茎秆内进行取食，破坏植株养分和水分的输导系统，造成植株折断、枯死。防治措施：①春天将藏有越冬幼虫的秸秆烧掉；②在2龄幼虫钻蛀进入茎内之前，喷洒40%氧化乐果乳油1000倍液或50%敌敌畏乳油800～1000倍液。

6. 蚜虫

蚜虫危害叶片的外形会发生明显的变化，出现卷曲、皱缩，叶色变黄或发红，甚至枯焦脱落。防治措施：①可利用七星瓢虫、食蚜蝇等天敌来防治蚜虫；成株期，将40%的氧化乐果用5倍水稀释后涂在茎的基部；②在蚜虫数量多、危害重时，可喷洒40%的氧化乐果乳油1000倍液或50%敌敌畏乳油1000倍液。

7. 叶蝉

叶蝉以刺吸式口插入叶片吸食汁液，造成叶色变淡、生长缓慢，且还能传播病毒，造成比直接取食更大的间接危害。防治措施：①及时除去田间杂草，破坏其繁殖、越冬场所。②在生长期间，发现有叶蝉时可用10%杀灭菊酯2500～3000倍液或50%杀螟硫磷1200～1500倍液等进行喷杀。

8. 蝽类

主要有斑须蝽、三点盲蝽和梨网蝽等，通过针状刺吸口器吸食植株茎叶之中的汁液，并且还能传播病毒病。防治措施：①越冬期间清园，消灭越冬的成虫或若虫，以降低虫口数量；②在幼虫发生期喷洒10%的杀灭菊酯乳油2500～3000倍液或40%氧化乐果乳油1000倍液等进行药物防治。

9. 螨类

幼蛾、成螨均喜在叶背吸食植株汁液。初期叶面出现红白斑点，叶背出现蜘蛛网；后期叶片皱缩，出现红色小点，甚至枯萎脱落。防治措施：①选用健康无虫苗木栽种；②在早春和晚秋结合积肥、除草，清除田间枯枝落叶，可有效地减少虫源；③发现有螨类发生，及时喷洒20%三氯杀螨醇乳油800～1000倍液或40%乐果乳油1000倍液等进行防治。

10. 蛾类

幼虫通过口器直接咬食叶片，有时将叶片卷起或叠合在一起，把虫体裹在里面进行取食。防治措施：①通过深翻土地、修剪整枝、清园等，可减少越冬害虫，降低危害程度；②设置灯光诱杀；③在幼虫期及时喷洒10%杀灭菊酯乳油2000～3000倍液或50%杀螟硫磷乳油1500～2000倍液等进行防治。

11. 棉铃虫

棉铃虫幼虫孵出后即开始取食花蕾与花朵。防治措施：①棉铃虫成虫对半枯萎的杨树枝叶有趋性，可利用此特性进行诱杀；②在成虫的产卵期喷洒90%的敌百虫晶体1000倍液或10%杀虫菊酯乳油3000倍液进行防治。

12. 豆荚螟

初孵幼虫先在豆科药材的豆荚表面吐丝结成白色的薄茧，危害时直接钻入豆荚内取食种子，使籽粒造成缺壳或全部吃光。幼虫有转移习性，老熟后咬破果壳入土作茧越冬。防治措施：①发现植株产生卷叶，要及时摘除，消灭隐藏的幼虫；②在花期前喷洒90%的敌百虫晶体1000倍液或10%杀虫菊酯乳油3000倍液等进行防治。

二、中药材的采收加工

（一）采收方法

1. 根及根茎类药材

根及根茎采收季节多在秋冬或早春，待其生长停止、花叶凋谢的休眠期及早春发芽前采收，但也有例外情况，如太子参、半夏等在夏季采收。一般而言在春季采收的有：丹参、虎杖、赤芍、苦参、远志等；在夏秋采收的有：太子参、附子、川乌、川芎、半夏、麦冬等；在秋季采收的有：黄芪、防己、黄连、升麻、商陆、常山、当归等；在冬季采收的有：天麻、何首乌、牛膝、板蓝根、玄参、天花粉等。

根及根茎类中药材采收时多采用掘取法，一般选择晴天土地较松软时进行，从地的一端开始，依次挖取。

2. 茎木类药材

茎木类药材一般在秋、冬两季采收，如络石藤、桑寄生、大血藤、鸡血藤、通草、钩藤等。有的木类药材全年均可采收，如苏木、降香、沉香等。

茎木类药材通常用割取法或砍取法采收。木类药材由于药用部分多为心材，常常在砍树后除去树皮及边材而取其心材。茎髓类药材则应割取地上茎后，截段，趁鲜用细木棍通出塞髓。

3. 叶类药材

叶类药材应在植物地上部分生长最旺盛时或在花蕾将开放时，或在花盛开，果实尚未成熟时采收，此时植株已经完全长成，光合作用旺盛。如艾叶、番泻叶均在开花前采收。少数叶类药材秋冬时采收，如桑叶。

叶类药材采收可用摘取法或割取法。

4. 全草类药材

全草类药材应在植株生长最旺盛而将要开花前采收。如薄荷、穿心莲、鱼腥草、淫羊藿、仙鹤草等。但也有部分中药材以开花后秋季采收，如细辛、垂盆草、紫花地丁、金钱草、荆芥等。

全草类药材采收时大多割取地上部分，可一次割取或分批割取；少数则连根挖取全株。

5. 皮类药材

皮类药材一般在春末夏初采收，此时树皮养分及液汁增多，形成层细胞分裂较快，皮部与木部容易剥离，伤口较易愈合，如杜仲、黄柏、厚朴。少数皮类药材于秋冬两季采取，如肉桂。

皮类药材采用剥取法，可用传统的伐树剥皮法和现代立木环状、半环状或条状剥取法。

6. 花类药材

花类药材一般宜在花含苞待放时采收，部分在花完全盛开时采收，如金银花、丁香、槐花米等都应在花含苞待放时采收，红花、洋金花等在花刚开放时采收，菊花、番红花等在花盛开时采收。

花类药材一般宜在晴天上午露水初干时采摘。以便保证花朵的完整和及时干燥。

7. 果实类药材

果实类药材多在果实自然成熟时采收，如山楂、连翘、使君子、枸杞子、瓜蒌、砂仁、草果、益智等。如果实成熟期不一致，则应随熟随采，如枸杞子，采果期长达数月。有的果实须在成熟并经霜后采摘为佳，如山茱萸宜在经霜变红后采摘，川楝子宜在经霜变黄后采摘。有的则应采收接近成熟而未成熟的果实，如枳壳。有的则应采收幼果，如枳实、青皮、西青果等。

果实类药材一般采用采摘法。

8. 种子类药材

种子类药材一般应在果实完全成熟，果皮完全褪绿，种子达到一定硬度，并呈固有颜色时采收，如牵牛子、芥子、决明子、苦杏仁、桃仁、酸枣仁等。

种子类一般采用摘取或割取后脱粒，干果类一般在干燥后取出种子，蒴果类通常敲打脱粒后收集，肉质果可先剥取果皮，留下种子或果核，或堆积发酵或蒸煮后去果肉，压碎种壳取出种仁。

（二）产地加工方法

1. 根及根茎类药材

一般收获须洗净泥土，除去须根、芦头和残留枝叶等，趁鲜切成片、块或段，然后晒干或烘干即成，如丹参、白芷、前胡、牛膝、射干等。对一些肉质性、含水量较高的药材或鳞茎类药材，如百部、天冬等，应先用沸水稍烫一下，然后再切成片晒干或烘干；对于质坚难以干燥的粗大根茎类，如商陆、葛根、玄参等应趁鲜切片，再行干燥；对于干燥后难以去皮的药材，如桔梗、半夏等应趁鲜刮去栓皮；对含浆汁、淀粉足如何首乌、地黄、黄精、玉竹、天麻等应趁鲜蒸制，然后切成片晒干；有些种类如明党参、北沙参等应先投入沸水中略烫一下，再行刮皮、洗净、干燥；白芍、玄参、丹参等药材先要经沸水煮，再经反复"发汗"，才能完全干燥。

2. 果实类药材

果实类药材采收后直接晒干或烘干即成。但果实大又不易干透的药材，如酸橙、佛手等，应先切开后干燥；以果肉或果皮入药的药材，如山茱萸、陈皮、栝楼等应去瓤、去核或剥皮后干燥。

3. 种子类药材

一般果实采收后直接晒干、脱粒，收集种子。有些要去果皮或种皮，如薏苡、决明子等；有的要打碎果核，取出种仁供药用，如杏仁、酸枣仁等；有些要蒸，以破坏药材易变质变色的酵素，如女贞子、五味子等。

4. 花类药材

采后应置通风处摊开阴干或在低温下迅速烘干，避免有效成分的散失，保持浓郁的香气，如月季花、玫瑰花、金银花、旋覆花、红花等；极少数种类需先蒸后再行干燥，如杭白菊等。

5. 全草或叶类药材

采收后宜放在通风处阴干或晾干，尤其是含芳香挥发油类成分的药材，如薄荷、藿香等忌晒，避免挥发性有效成分的损失；有些全草类药材在未干透前就要扎成小捆，再晾至全干，如紫苏、薄荷等，避免药材散失；对一些含水量较高的肉质叶类，如垂盆草、马齿苋等，应先用沸水略烫后，再干燥。

6. 皮类药材

一般采后趁鲜切成块或片，再晒干即成。有些种类在采收后应趁鲜刮去外层的栓皮，再行干燥，如黄柏皮、丹皮、椿根皮等；有些树皮类药材采后应堆置，使其"发汗"，待内皮层变为紫褐色时，再行干燥，如杜仲、厚朴、肉桂等。

三、中药材的贮藏保管

（一）传统贮藏方法

1. 自然通风法

在晴天、空气干燥时开启仓库门窗通风透气，通风时应注意风向、风速，不利于自然通风时，应打开换气扇，强迫通风。

2. 干燥法

当药材水分超过10%时应立即进行干燥处理，常采用晒干、晾干、烘干等方法。大多数药材可以置于日光下暴晒，晒药时应注意药厚度适中；对于含糖、挥发油等药材，常在通风阴凉的地方干燥。在库房内放入适量的生石灰可以保持库房干燥；对于一些不能烘晒的特殊药材，可将包装好的药材与石灰一起存放。

3. 对抗贮藏法

将某些有特殊气味的药材同易虫蛀、变色、泛油的药材一起贮藏，以此来防治药材变质现象。如将具有腥气的动物类中药与装在纱布袋内的花椒或细辛同贮；含糖、淀粉、油脂类较多的药材与草木灰同贮；明矾与花类药材同贮等。

4. 化学药物熏蒸法

中药材在贮藏过程中被虫蛀且量大的情况下，多采用化学药品熏蒸方法防蛀。但化学杀虫剂都有较大的毒性，使用后药材上会有部分残留，并且对环境、人员有一定的影响，使用时应给予高度重视，并寻找安全、无毒的方法予以取代。

（二）贮藏新技术

1. 气调贮藏技术

是一种通过充加N_2或CO_2等气体，或放置气调剂，通过降低环境中氧气含量，杀灭害虫和好氧性霉菌，抑制中药材自身的一些氧化反应，来保持中药材的品质。特别是对于易生虫中药材及贵重、稀有中药材的贮藏。但是，气调贮藏要求中药材入库速度快，平时不能随便进出货物，出库时，最好一次出完或短时间内分批出完。

2. 低温冷藏技术

利用机械制冷设备产生冷气，使中药材处于低温状态下，防止中药材的霉变、虫蛀、变色、走油等现象的发生，较好的保存了药材的品质。低温冷藏由于受到设备限制，费用较高，主要适用于一些量少贵重、受热易变质的中药材。

3. 气幕防潮技术

利用气幕装在库房门上，配合自动门以保证仓库内干燥冷空气不排出仓库，阻止湿热空气进入仓库，达到仓库防潮目的。即使是在雨季，气幕防潮技术也能够保证库内空气相对湿度和温度的相对恒定。

4. 气体灭菌技术

利用环氧乙烷或环氧乙烷混合气体与细菌蛋白质分子中的氨基、羟基等活跃氢原子加成反应，使细菌正常代谢途径受阻，达到杀灭细菌的作用。该方法有较强的扩散性和穿透力，对各种细菌、霉菌、昆虫、虫卵等都有杀灭作用。

5. 中药挥发油熏蒸防霉技术

多种中药的挥发油都有一定的灭菌、抑菌作用，利用中药挥发油的挥发特性熏蒸中药材，能够迅速破坏霉菌结构，杀灭霉菌或抑制其繁殖的作用，而对中药材表面色泽、气味均无明显影响。

各 论

白及

bai ji

本品为兰科植物白及*Bletilla striata*（Thunb.）Reichb. f.的干燥块茎。

一、植物特征

多年生草本。假鳞茎扁球形，具环带，富黏性。茎粗壮，直立。叶狭长圆形或披针形，先端渐尖，基部收狭成鞘并抱茎。花序常不分枝；花序轴呈"之"字状曲折；花苞片长圆状披针形，开花时常凋落；花大，紫红色或粉红色；萼片和花瓣近等长，狭长圆形；唇瓣较萼片和花瓣稍短，倒卵状椭圆形，白色带紫红色，具紫色脉；唇盘上面具5条纵褶片，从基部伸至中裂片近顶部，仅在中裂片上面为波状；蕊柱具狭翅，稍弓曲。蒴果圆柱形，具6纵肋。种子细粉状。花期4～5月，果期7～9月。（图1）

图1　白及植物图

二、资源分布概况

全国大部分省区均有分布，如贵州、四川、湖南、湖北、河南、陕西、甘肃、山东、安徽、江苏等省区。栽培以贵州的东、西及南部，广西的西北、西南山区最为集中。滇桂黔石漠化区域的正安为白及种植的代表性主产区，已获得国家地理标志产品，在安龙、普安、兴义、平塘、黎平、镇远、松桃、平坝、三穗、岑巩、台江、麻江、西畴、马关、丘北、东兰等地亦有种植。

三、生长习性

白及喜温暖、湿润、阴凉环境，耐阴能力强，不耐寒，适生温度在15～27℃，低于10℃时，块茎不萌发，高温干旱时，叶片容易枯黄。在自然条件下，多生于海拔100～3200米的亚热带常绿阔叶林、落叶阔叶混交林、中山针阔叶混交林及亚高山针叶林带的疏生灌木、杂草丛或岩石缝中。年降雨量1100毫米以上生长良好。对土壤要求较严，以肥沃、疏松和排水良好的砂质壤土或腐殖质土为佳。

四、栽培技术

1. 种植材料

（1）块茎繁殖　采挖野生健壮白及块茎，掰下块茎节上的萌芽作为种苗，但野生资源少，积累大规模的种苗周期长，并且长期多代无性繁殖可能出现种苗退化、病虫害难以防治等现象。

（2）种子繁殖　在一定条件下可进行有性繁殖，但由于种子寿命短，细小无胚乳，萌发条件苛刻，幼苗期较长，对环境敏感等特点，多年来未被广泛应用于生产，但近年来，由于技术的攻克，越来越多企业采用种子进行育苗。（图2、图3）

图2　白及种子繁殖

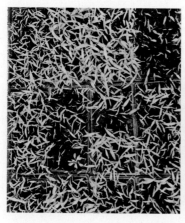

图3　白及种子育苗

（3）组培快繁　主要方式有两种：①利用嫩叶或芽为外植体进行组培，容易形成幼苗，但对外植体的质量要求较高，繁殖系数较低；②以成熟蒴果为材料，在培养基上进行无菌播种，种子萌发后进行组培苗增殖、生根、炼苗、移栽。

2. 选地与整地

（1）选地　选择土层深厚、排水良好、肥沃疏松、富含腐殖质的砂质壤土或夹砂土的阴山缓坡或山谷平地种植。

（2）整地　新垦地应在头年秋冬翻耕过冬，使土壤熟化，耕地则在前一季作物收获后翻耕一次，临近种植时再翻耕1～2次，使土层疏松细碎。栽种前翻土20厘米以上，每亩施腐熟农家肥1.5～2吨及复合肥50千克，翻入土中作基肥。栽种前，细耕后整平，起宽1.3米、高20厘米的畦，行道宽30厘米，四周开排水沟。

3. 播种（图4）

（1）块茎繁殖　南方应于9～10月秋栽，西北适宜3～4月春栽。栽种时按株距15厘米、行距26～30厘米开穴，穴深8～10厘米，穴底要平，每穴呈品字形排放3个种茎，将芽嘴向外平放于穴底，覆盖1层厩肥或草木灰，施浇好的稀薄农家肥，然后薄盖3～4厘米厚的细土与畦面平齐。

（2）组培苗繁殖　①蒴果采集：选择生长健壮、株丛大、无病虫害的植株作种株，并于9～10月采集成熟、饱满、未开裂的蒴果。②蒴果消毒：用水洗去蒴果表面尘土，75%乙醇浸泡并擦拭消毒1分钟，无菌水冲洗2次，0.1%升汞浸泡消毒8～10分钟，无菌水

a

b

图4　白及繁殖

冲洗5～6次，取出用无菌滤纸吸干多余水分。③无菌播种：将1/2MS+NAA 0.5毫克/升的培养基高温、高压灭菌后冷却备用，在超净工作台上用无菌解剖刀切开蒴果，用无菌镊子将种子均匀接种在培养基表面，培养瓶置于培养室中培养，温度为25℃±2℃，光照度为1500～2000勒克斯，光照12小时/天。④无菌发芽：白及种子培养1周后开始膨大萌发，2周可见绿色小点，后逐渐萌发成黄色的原球茎，原球茎逐渐变绿并分化出叶原基，1个月后长出叶片。⑤组培苗增殖：以无菌萌发获得的2～3叶无根组培苗为增殖材料，以MS+白糖3%+琼脂粉0.7%+活性炭0.1%+6–BA 1.0毫克/升+NAA 0.2毫克/升为培养基，高温、高压灭菌后冷却备用，将无根组培苗转接到培养基上进行培养，培养条件为温度25℃±3℃，光照度1500～2000勒克斯，光照12小时/天。⑥组培苗生根诱导：以增殖苗单株为生根诱导材料，1/2MS+白糖2%+琼脂粉0.7%+活性炭0.1%+NAA 0.2～0.5毫克/升为培养基，在温度25℃±3℃，光照度1500～2000勒克斯，光照12小时/天的培养条件下进行培养，生根数达3～5条，生根率为100%。⑦炼苗移栽：将诱导生根的组培苗在室内敞口放置3天，再移入大棚内敞口放置4天进行炼苗处理；选取炼苗处理后百粒重大于43克的白及组培种球作为驯化移栽材料，在疏松、透气、保水的炼苗驯化基质，如木屑或蛭石+树皮（1∶1）基质上进行驯化炼苗处理；对移栽的组培苗喷施有机水溶肥或高级叶面肥，增重组培苗，促进白及组培苗的生长。

4. 田间管理（图5）

（1）中耕除草　种植后喷洒乙草胺封闭，之后每年分别在4月、6月、9月左右进行一次除草。除草时应浅锄表土，勿伤茎芽及根，在冬季全倒苗后应清理地块。

（2）追肥　每年应追肥3～4次。第一次于4月左右，施农家肥，每亩1500～1600千克；第二次于6月白及生长旺盛期，每亩追施过磷酸钙30～40千克与沤熟后的堆肥混合物1500～2000千克；第三次于8～9月，每亩施用农家肥2000～2500千克。

（3）排灌水　栽种地应保持阴湿，干旱时要及时浇水；雨季要及时疏沟排水，防止积水引起块茎腐烂。

（4）间作　头两年可在行间间种短期作物，如萝卜、青菜、玉米等，以充分利用土地，增加收益。

（5）夏冬防护　夏天防日灼，可在畦的两边种2行玉米，玉米株距50厘米，玉米成熟后，收获果实，茎秆10月中旬后砍除；也可在果树林下种植白及。冬季做好防寒抗冰措施，可盖农家肥、草、覆土起防寒抗冻保温作用，亦可用薄膜覆盖越冬，但中午温度较高时应揭开薄膜透气，待春季出苗时揭去覆盖物。

a

b

图5　白及田间管理

5. 病虫害防治

（1）块茎腐烂病　首先要做好排水，对地下虫害进行防治，减少机械损伤，发病期可用50%多菌灵500倍液灌根窝或喷雾防治。

（2）叶褐斑病　主要以加强田间管理的农业防治为主，也可用70%甲基托布津湿性粉剂10 000倍液喷洒防治。

（3）叶斑灰霉病　首先及时对有发病植株的种植地进行灭病原处理；发病期可选用50%甲基硫菌灵可湿性粉剂900倍液，或65%甲霉灵可湿性粉剂1000倍液，或60%防霉宝超微粉剂600倍液，或50%农利灵1500倍液等喷施。

（4）蚜虫　主要以物理防治为主，可在田间悬挂黄光灯或涂有黏虫胶的黄板对有翅蚜虫进行诱捕，或距地面20厘米架黄色盆，内装0.1%的肥皂水或洗衣粉水诱杀有翅蚜虫，或在田间铺设银灰色膜或挂银灰色膜条驱避蚜虫。也可结合化学方法进行综合防治，可选用10%吡虫啉4000～6000倍液，或50%抗蚜威可湿性粉剂2000～3000倍液，或2.5%保得乳油2000～3000倍液，或2.5%王星乳油2000～3000倍液，或10%氯氰菊酯乳油2500～3000倍液喷施。

（5）其他虫害防治　在幼苗期，每亩用丁硫磷1千克均匀撒在栽培地，或每亩用90%敌百虫0.18～0.2千克拌炒香的米糠或麦麸8～10千克，撒放田间诱杀；在越冬代成虫盛发期采用灯光或糖醋液诱杀成虫。

五、采收加工

1. 采收

（1）采收时间　第四年9～10月，植株地上部分枯黄时采挖。

（2）田间清理　采挖前先割除地上枯黄茎叶、杂草，集中运出种植地烧毁或深埋。

（3）采挖　用平铲或小锄在离植株20～30厘米处逐步向中心处挖取，小心翻挖出白及块茎，剥除泥土，收集后装入清洁竹筐内或透气编织袋中。

（4）分选及清洗　块茎运回后及时在加工场地摊开，折成单个，剪去茎秆。清除感染病虫害，或有损伤的块茎。分选后清水中浸泡1小时，除去粗皮，洗净泥土。

（5）干燥　将块茎放入沸水中煮6～10分钟并不断搅拌至无白心时取出。直接晒或55～60℃烘干，期间经常翻动，至五六成干时，适当堆放使其里面水分逐渐析出至表面，继续晒或烘至全干。

2. 加工

将干燥的块茎放至撞笼中，撞去未尽粗皮与须根，使之成为光滑、洁白的半透明体，筛去灰渣即可。

六、药典标准

1. 药材性状

呈不规则扁圆形，多有2～3个爪状分枝，少数具有4～5个爪状分枝，长1.5～6厘米，厚0.5～3厘米。表面灰白色至灰棕，或黄白色，有数圈同心环节和棕色点状须根痕，上面有突起的茎痕，下面有连接另一块茎的痕迹。质坚硬，不易折断，断面类白色，角质样。气微，味苦，嚼之有黏性。

2cm

图6 白及药材

2. 鉴别

本品粉末淡黄白色。表皮细胞表面观垂周壁波状弯曲，略增厚，木化，孔沟明显。草酸钙针晶束存在于大的类圆形黏液细胞中，或随处散在，针晶长18～88微米。纤维成束，直径11～30微米，壁木化，具人字形或椭圆形纹孔；含硅质块细胞小，位于纤维周围，排列纵行。梯纹导管、具缘纹孔导管及螺纹导管直径10～32微米。糊化淀粉粒团块无色。

3. 检查

（1）水分 不得过15.0%。

（2）总灰分 不得过5.0%。

（3）二氧化硫残留量 不得过400毫克/千克。

七、仓储运输

1. 仓储

储藏仓库应通风、阴凉、避光、干燥，温度不超过20℃，相对湿度不高于65%。有防鼠、防虫措施，地面要整洁。需定期清理、消毒和通风换气。不应和有毒、有害、有异味、易污染物品同库存放。当发生返潮、结块、褐变、生虫等现象，必须采取相应的措施。存放的条件符合《药品经营质量管理规范》（GSP）要求。

2. 运输

车辆的装载条件符合中药材运输要求，卫生合格，温度在16～20℃，湿度不高于30%，并具备防暑防晒、防雨、防潮、防火等设备，符合装卸要求。进行批量运输时应不与其他有毒、有害，易串味物质混装。

八、药材规格等级

根据市场流通情况，按照每千克所含个数分为"选货"和"统货"两个等级；"选货"项下再分为"一等"和"二等"两个级别。应符合表1要求。

表1　规格等级划分

等级		性状描述	
		共同点	区别点
选货	一等	本品呈不规则扁圆形，多有2～3个爪状分枝，长1.5～5厘米，厚0.5～1.5厘米。表面灰白色或黄白色，有数圈同心环节和棕色点状须根痕，上面有突起的茎痕，下面有连接另一块茎的痕迹。质坚硬，不易折断，断类白色，角质样。气微，味苦，嚼之有黏性	每千克≤200个
	二等		每千克>200个
统货		本品呈不规则扁圆形，多有2～3个爪状分枝，长1.5～5厘米，厚0.5～1.5厘米。不分大小。表面灰白色或黄白色，有数圈同心环节和棕色点状须根痕，上面有突起的茎痕，下面有连接另一块茎的痕迹。质坚硬，不易折断，断面类白色，角质样。气微，味苦，嚼之有黏性	

注：1. 当前市场上部分白及栽培品已出现变异，长度、爪状分支等性状与《中国药典》规定略有差别。
　　2. 市场有未去须根白及药材规格，与《中国药典》性状不符。

九、药用价值

（1）出血症　味苦甘涩，质黏而性寒，为收敛止血之要药，因其主归肺、胃经，故尤多用于肺、胃出血之证。治体内外出血证，单味研末，糯米汤调服，如白及粉；治外伤或金刃创伤出血，可单味研末外掺或水调外敷；治金疮血不止，以之与白蔹、黄芩、龙骨等研细末，掺疮口上；治疗胃出血之吐血、便血，常配茜草、生地黄、丹皮、牛膝等清热收敛、凉血止血之品，如白及汤，或与乌贼骨同用，如乌及散；治疗肺痨咯血，常配化瘀止血的三七；治疗干咳咯血，多配枇杷叶、阿胶等同用，如白及枇杷丸。

（2）痈肿疮疡、水火烫伤、手足皲裂、肛裂　本品寒凉苦泄，能消散痈肿，味涩质黏，能敛疮生肌，为外疡消肿生肌的常用药。治疗痈肿疮疡初起，可单用外敷，或配伍银花、皂刺、乳香等清热解毒消痈之品，如内消散；治疗疮痈已溃，久不收口者，多与贝母、轻粉为伍，如生肌干脓散；治水火烫伤、足皲裂、肛裂，多研末外用，麻油调敷。

参考文献

[1]　吴明开，刘作易. 贵州珍稀药材白及[M]. 贵阳：贵州科技出版社，2013.

[2]　彭成. 中华道地药材[M]. 上册. 北京：中国中医药出版社，2011：151–162.

[3]　宋晓平. 最新中药栽培与加工技术大全[M]. 北京：中国农业出版社，2002：123–126.

[4]　张亦诚. 白芨的生物特性及栽培技术[J]. 农业科技与信息，2007，11（10）：45.

[5]　张满常，段修安，王仕玉，等. 白芨中药材栽培技术研究进展[J]. 云南农业科技，2015（5）：61–63.

[6]　叶静，郑晓君，管常东，等. 白及的无菌萌发与组织培养[J]. 云南大学学报，2010，32（S1）：422–425.

[7]　林伟，黄名垹，韦莹，等. 白及组培苗生产标准操作规程[J]. 大众科技，2018，20（221）：83–85.

[8]　鞠康，刘耀武，王甫成，等. 安徽亳州中药材市场白及品种调查[J]. 中国民族民间医药，2011（9）：22–23.

[9]　周涛，江维克，李玲，等. 贵州野生白及资源调查和市场利用评价[J]. 贵阳中医学院学报，2010，32（6）：28–30.

[10]　许冬瑾，乐智勇，严新，等. T/CACM 1021.97—2018. 中药材商品规格等级白及[S]. 中华中医药学会，2018.

本品为天南星科植物半夏*Pinellia ternata*（Thunb.）Breit.的干燥块茎。

一、植物特征

多年生宿根草本植物。须根分布较浅，着生于块茎盘下。块茎圆球形，表面有黄棕色叶基残体；直立茎圆形，光滑，其上常着生珠芽。叶着生于块茎顶端，全缘或具不明显的浅波状圆齿。幼苗叶片为全缘单叶，卵状心形至戟形。2～3年生叶为掌状复叶，小叶绿色，椭圆形或披针形，两头锐尖；中裂片较大，长圆状椭圆形或披针形，侧裂片稍短；叶柄基部具鞘；叶基、鞘内及鞘部以上常着生珠芽。肉穗花序顶生，花序柄长于叶柄；花序中轴顶端有末端蝎尾状的附属器；附属器长于佛焰苞，绿色至青紫色，直立；佛焰苞绿色或绿白色，管部狭圆柱形，檐部长圆形，绿色，有时边缘青紫色；花单性，无花被，雌雄同株；雌花着生于花序轴基部，花柱短；雄花位于花序轴上部，雄花序白色，雄蕊密集成圆柱形。花期5～7月，果期8月。（图1）

a

b

图1 半夏原植物

二、资源分布概况

除内蒙古、新疆、青海和西藏省区未见野生资源外，其余各省区均有分布。栽培半夏的主要产区为甘肃、四川、湖北、河南、贵州、安徽等省。

滇桂黔石漠化区域的贵州威宁、大方、毕节、纳雍、赫章等县种植较多，其中"大方圆珠半夏""赫章半夏"获国家地理标志保护产品。此外，贵州省水城、普定、罗甸、长顺及云南省曲靖、文山、昭通、泸西等地有种植。

三、生长习性

半夏喜温和湿润气候和荫蔽环境，怕高温、干旱和强光直射，耐阴、耐寒，块茎能自然越冬。生长环境以半阴半阳之地为宜，忌烈日直射，光照过强会发生严重的倒苗现象；光照长期不足3000勒克斯，植株枯黄瘦小，珠芽数量少。适宜生长温度为15～25℃，高于30℃，其生长受到抑制；达35℃且无遮阴，或低于13℃的条件下，地上部分将会枯萎倒苗。半夏为浅根系植物，耐旱能力较差，土壤湿度以20%～40%为宜。种植以湿润、肥沃、深厚，中性偏酸性（pH4.5～7.5）的砂质土壤为佳。

四、栽培技术

1. 种植材料

以无性繁殖为主。自然条件下，坐果率低、种子小、发芽率低，出苗缓慢，生长期长，种子萌发第一年生植株幼小，抗逆性较差，不能形成复叶，不是理想的繁殖材料。珠芽是由叶柄上产生的小块茎，具有繁殖功能，珠芽发芽率高、成熟期早，是种植的主要繁殖材料。块茎则由掉落到土壤中的珠芽生长发育而来，其中的中小块茎大多是新生组织，生命力强，种植出苗后，生长势旺，发育迅速，同时不断抽出新叶形成新的珠芽。（图2～图4）

图2　半夏种子

（1）块茎　选直径0.5～1.5厘米、生长健壮、无病虫害的中小块茎作种茎，种前按大小分级，分别栽种。

1cm

图3　半夏繁殖材料（块茎）

图4　半夏种子分级仪器

（2）珠芽　选择生长健壮、无病虫害的植株，当老叶将要枯萎，珠芽成熟时，即可采下播种。种前可将珠芽按大小分级，分别栽种。

（3）种子　以新鲜、饱满、无病虫的成熟种子作种。

2. 选地与整地

（1）选地　在山区栽培时，应选择低山或岭地，以半阴半阳、坡度10°～30°缓坡为好，可选择有一定光照条件的树林、果园，也可在白及、玉米等旱地作物田中种植；在平原地区，选择地势高、排灌方便的地块。土壤以湿润肥沃、保水保肥力较强、质地疏松、中性偏酸性（pH4.5～7.5）的砂质壤土为宜。前茬作物以豆科、禾本科作物为宜。

（2）整地　10～11月，深翻土地20厘米左右，除去石砾、杂草。每亩施入腐熟的厩肥或堆肥3000～4000千克，及50千克过磷酸钙作基肥。播种前浇透水，再耕翻1次，整细耙平。起宽1.3米的高畦，畦沟宽40厘米，或浅耕后做成0.8～1.2米宽的平畦，畦埂宽30厘米，高15厘米，畦向东西走向为佳。开好排水沟，以防积水造成烂根。4月中旬在畦埂上种两行高秆作物用于遮阴。

3. 播种（图5）

（1）块茎繁殖　①种茎处理：将种茎拌于干湿适中的细沙土中，贮藏于通风阴凉处，于当年冬季或翌年春季栽种。一般早春，5厘米表土温度稳定在6～8℃时，用温床或火炕进行种茎催芽。催芽温度20℃左右，芽鞘发白时即可栽种（不催芽的也应该在此时栽种）。为减少病害的发生，下种前，可用5%草木灰液浸种2～4小时，或用2%的硝酸钾溶液浸种24小时，晾干，再按大、中、小等级下种。以春栽为好，秋冬栽种产量低。适时早播，可使叶柄在土中横生并长出珠芽，土中形成的珠芽个大，并能很快生根发芽，形成新植株。②栽种及其处理：

开横沟条播，行距12～15厘米，沟宽10厘米，深5厘米左右。将分级后的种茎交错摆入沟内：一般种茎芽头向上，大种茎一行，中小种茎交错种2行；大、中种茎株距3～5厘米，小种茎株距2～3厘米。覆施5～10厘米腐熟的堆肥，或厩肥、草土灰等混拌而成的混合肥，最后盖土与畦面平，耧平后稍加压实。栽后盖上地膜，保持土壤湿润。地膜应平整紧贴畦埂上，做到紧、平、严。可适当密植，提高产量。

（2）珠芽繁殖　珠芽繁殖方法与块茎繁殖方法相同。

（3）种子繁殖　夏季采收的种子可随采随播，秋末采收的种子可以沙藏至次年3月播种。按行距3～5厘米撒播，或开浅沟条播，播后覆盖1～3厘米厚的细

a

b

图5　半夏播种

土，浇水湿润，覆盖杂草或地膜。经20～25天可出苗，苗高6～10厘米时，即可移植。

4. 田间管理（图6）

（1）揭地膜　当气温稳定在15～18℃，出苗率达50%时，应揭去地膜，转为正常管理，以防高温引起倒苗。去膜前先炼苗：中午从畦两头揭开膜通风散热，傍晚封上，连续几天后再全部揭去。如地面板结，应适当松土。

（2）中耕除草　视杂草的生长情况确定除草次数和时间，一般2～3次。要求除早、除小、除尽、不伤根。

（3）排灌水　可根据墒情适当浇水，浇水后及时松土。若雨水过多，应及时排水，避免因田间积水，造成块根腐烂。

（4）合理施肥　出苗早期多施氮肥，中后期则多施钾肥和磷肥。一般生长期内追肥4

a

b

图6　半夏大田

次：第一次于4月上旬，齐苗后每亩施入1：3的农家肥1000千克；第二次在5月下旬珠芽形成时，每亩施用农家肥2000千克，培土以盖住肥料和珠芽为度；第三次于8月倒苗后，当子半夏露出新芽，母半夏脱壳重新长出新根时，用1：10的农家肥泼浇，每半月1次，直到出苗；第四次于9月上旬齐苗时，每亩施入腐熟饼肥25千克、过磷酸钙20千克、尿素10千克，与沟泥混拌均匀，撒于土表。追肥培土后无雨，应及时浇水。收获前30天不得追施肥。

（5）培土　成熟的珠芽和种子陆续落于地上时，取细土均匀地撒在畦面上，厚约1～2厘米。培土应根据情况而进行，一般培土2次。

（6）摘除花蕾　为促进块茎的生长，除留种外，应及时摘除花蕾。

（7）间作、套作　可利用现有的遮阴条件，选择与有一定光照条件的树林、果园种植套作，也可以与白及、万寿竹、银杏叶、玉米、金银花、小麦、决明子等作物间作或套种，既可遮阴，又可提高单位面积土地经济效益。

（8）防倒苗　适当蔽荫和喷灌水，可降低光照强度和地温，延迟和减少倒苗。喷施植物呼吸抑制剂0.01%亚硫酸氢钠溶液，或0.01%亚硫酸氢钠和0.2%尿素或2%过磷酸钙混合液，抑制呼吸作用，减少光合产物的消耗，防止倒苗。

5. 病虫害防治

（1）叶斑病　在发病初期喷1∶1∶120波尔多液或65%代森锌或50%多菌灵800～1000倍液，或托布津1000倍液喷洒，每隔7～10天1次，连续2～3次；将1千克大蒜碾碎后加水20～25千克，混匀后喷洒；拔除病株烧毁并用石灰消毒。

（2）腐烂病　选择无病种进行栽培，种用前5%草木灰溶液或50%多菌灵1000倍液浸种；发病初期，拔除病株烧毁并用石灰消毒；雨季及大雨后及时疏沟排水；及时防治地下病害，可减轻病害；用木霉悬浮液处理种栽，也有较好的预防作用。

（3）病毒病　选择无病植株留种，并进行轮作；适当追施磷钾肥，增强抗病力；出苗后喷洒40%乐果2000倍液或10%吡虫啉可湿性粉剂1000倍液，每隔5～7天1次，连续2～3次；发现病株，立即拔除烧毁，并用石灰消毒；培养无病毒种苗。

（4）炭疽病　选用抗病的优良品种；发病初期剪除病叶，及时烧毁；避免种植过密或当头淋浇，经常保持通风通光；发病前喷1%波尔多液或27%高脂膜乳剂100～200倍液；发病期间选用75%百菌清1000倍液、20%三环唑800倍液，或50%炭疽福美600倍液，每隔7～10天1次，连续多次。杀菌剂轮换使用，效果更好。

（5）红天蛾　秋季翻耕，消灭越冬虫源；黑光灯诱杀成虫；用苏云籽菌制剂或杀螟杆菌或虫菌500～700倍液喷雾；在幼虫1～3龄期间（百株有虫5～10头），选用90%晶体敌百虫700～1000倍液，或2%西维因可湿性粉剂、20%杀灭菊酯乳油、2.5%溴氰菊酯乳油2000倍液喷雾。

（6）芋双线天蛾　为鳞翅目天蛾科昆虫，也是半夏生长期间，危害极大的食叶性害虫。防治方法同红天蛾的防治方法。

（7）蚜虫　及时翻耕晒畦，清除田间杂物和杂草，及时摘除被害叶片深埋，减少蚜虫源；用涂有胶黏物质或机油的黄板诱蚜捕杀，也可覆盖地膜进行避蚜；蚜虫喜食碳水化合物，在栽培过程中，尽量少用化肥；利用天敌来消灭蚜虫；用10%吡虫啉可湿性粉剂1000倍液喷杀，或用快杀灵、扑虱蚜、灭蚜菌和敌百虫等，根据农药使用说明用药。

（8）蛴螬　施用充分腐熟的有机肥料；适时秋耕；灯光诱杀成虫；用50%辛硫磷乳油或90%敌百虫晶体1000倍液灌根，每株灌药液200毫升，或拌细土15～20千克，均匀撒在播种沟（穴）内，或每亩用50%辛硫磷乳油1千克或3%米乐尔颗粒剂2～3千克，开沟施入根际附近，并及时培土；50%辛硫磷乳剂、水、种子的比例为1∶50∶600拌匀，闷种3～4小时，其间翻动1～2次，种子干后即播种；在成虫盛发期，喷洒90%晶体敌百虫1000倍液或2.5%敌杀死乳油3000倍液等。

五、采收加工

1. 半夏种子的采收和贮藏

（1）采收时期　于6月中下旬采种，当总苞片发黄，果皮发白绿色，种子浅茶色、茶绿色，易脱落时及时摘回。

（2）贮藏　夏季采收的种子可随采随播，秋末采收的种子沙藏至次年3月播种。

2. 半夏块茎的采收、初加工

（1）采收　种子播种的第3、4年采收，块茎繁殖的当年或第2年采收，多在7～8月进行。选择晴天采收，采收前拣出地上的珠芽。按直径大于2厘米、1～2厘米、小于1厘米进行分级。小于1厘米可留作种外，其余的按商品药材来处理。去皮前忌暴晒。留种地待地上茎叶枯萎倒苗后采挖，分级筛选留种块茎，剔除染病种茎。最好采用沙藏法，若室内贮藏，堆放厚度10厘米左右，保持通风。

（2）初加工　装入编织袋等容器内，摔打几下后倒入清水中，反复揉搓，或用去皮机除去外皮，以去净外皮，颗粒洁白为度。严禁使用任何洗涤剂漂洗。去皮后，晒至全干。如遇阴雨天气，可于35～60℃烘干，微火勤翻，切忌用急火烘干，避免造成外干内湿的"僵子"，而致发霉变质，造成损失。禁止用硫黄等药剂熏蒸。

（3）出口药材加工　剔除较小的个体，再用水洗（俗称"回水"），倒入水里浸泡10～15分钟，反复轻揉搓，至表面洁白为止。晒干，去除带霉点、个体不全、颜色发暗等不符合标准的。

六、药典标准

1. 药材性状

本品呈类球形，有的稍偏斜，直径0.7～1.6厘米，表面白色或浅黄色，顶端有凹陷的茎痕，周围密布麻点状根痕；下面钝圆，较光滑。质坚实，断面洁白，富粉性。气微，味辛辣、麻舌而刺喉。（图7）

2cm

图7 半夏药材

2. 鉴定

本品粉末类白色。淀粉粒甚多，单粒类圆形、半圆形或圆多角形，直径2～20微米；脐点裂缝状、人字状或星状；复粒由2～6分粒组成。草酸钙针晶束存在于椭圆形黏液细胞中，或随处散在，针晶长20～144微米。螺纹导管直径10～24微米。

3. 检查

（1）水分　不得过13.0%。

（2）总灰分　不得过4.0%。

4. 浸出物

不得少于7.5%。

七、仓储运输

1. 仓储

药材仓储要求符合NY/T 1056—2006《绿色食品 贮藏运输准则》的规定。仓库应具有防虫、防鼠、防鸟的功能；要定期清理、消毒和通风换气，保持洁净卫生；不应与非绿色食品混放；不应和有毒、有害、有异味、易污染物品同库存放，定期检查，发现霉烂等现象及时清理隔离。

2. 运输

运输工具必须清洁、无污染。运输过程中不得与有毒有害或易串味的物质混装。运输容器应具有较好的通气性，保持通风、干燥，遇阴雨天气应防雨、防潮，避免在途中腐烂变质。

八、药材规格等级

根据市场流通情况，按照直径分为"选货"和"统货"两个等级；选货根据每500克所含块茎数，再分为"一等"和"二等"两个级别。应符合表1要求。（图8）

1cm

a   b

图8　半夏药材分级

表1　规格等级划分

等级		性状描述	
		共同点	区别点
选货	一等	本品呈类球形，有的稍偏斜，直径1.2～1.5厘米，大小均匀。表面白色或浅黄色，顶端有凹陷的茎痕，周围密布麻点状根痕；下面钝圆，较平滑。质坚实，断面洁白或白色，富粉性。气微，味辛辣、麻舌而刺喉	每500克块茎数＜500粒
	二等		每500克块茎数500～1000粒
统货		本品呈类球形，有的稍偏斜，直径1～1.5厘米。表面白色或浅黄色，顶端有凹陷的茎痕，周围密布麻点状根痕；下面钝圆，较平滑。质坚实，断面洁白或白色，富粉性。气微，味辛辣、麻舌而刺喉	

注：1. 当前市场药材有部分直径小于1厘米，其中野生半夏大部分直径小于1厘米，不符合《中国药典》（2020年版）规定的直径1～1.5厘米。

　　2. 市场及产地调查发现，少量半夏出现扁球形，常有1～4个侧芽，这是栽培过程中的变异。

九、药用价值

（1）呕吐　半夏性温味辛，善于温中止呕，和胃降逆。临床治疗胃寒呕吐、寒饮呕吐及其他原因引起的呕吐，半夏作为主药随症加减，可获得止呕的效果。常用方剂有小半夏汤、小半夏加茯苓汤、大半夏汤、半夏泻心汤、生姜泻心汤、旋覆代赭汤等。

（2）痰症　半夏辛温而燥，可用于各种痰症，最善燥湿化痰：治湿痰用姜汁、白矾汤和之，治风痰以姜汁和之，治火痰以竹沥或荆沥和之，治寒痰以姜汁、矾汤，放入白芥子末和之。代表方是二陈汤。

（3）咳喘　半夏消痰散结，降逆和胃，临床常用于治疗痰饮壅肺之咳喘，及寒湿犯胃所致的呕吐噫气，或支饮，胸闷短气，咳逆倚息不得卧，面浮肢肿，心下痞坚等疾病。

（4）风痰眩晕　半夏燥湿化痰而降逆，天麻平息虚风而除眩，两药相配，既祛痰又熄风，临床治疗脾虚生痰，肝风内动所致的眩晕，头痛。代表方剂半夏白术天麻汤，具有显著的化痰熄风，健脾祛湿的功效。

（5）胸脘痞满　临床常用半夏配黄连、瓜蒌，加减用于治疗急慢性支气管炎、冠心病、肋间神经痛、胸膜粘连、急性胃炎、胆道系统疾患、慢性肝炎、腹膜炎、肠梗阻、渗出性腹膜炎等。

（6）失眠　临床常用半夏配秫米治疗脾胃虚弱，或胃失安和所致夜寝不安。半夏辛温，燥湿化痰而降逆和胃，能阴阳和表里，使阳入阴而令安眠；秫米甘微寒，健脾益气而升清安中，制半夏之辛烈。两药合用，一泻一补，一升一降，具有调和脾胃、舒畅气机的作用，使阴阳通，脾胃和，可入眠，为治"胃不和，卧不安"的良药。

（7）梅核气　临床上常用半夏配厚朴治疗梅核气，以辛开苦降，化痰降逆，顺气开郁，气顺则痰消。

（8）痞证　多用半夏配黄芩、黄连、干姜，寒热并用，和胃降逆，宣通阴阳。代表方半夏泻心汤，重用半夏以降逆止呕。

参考文献

[1] 周涛，肖承鸿，江维克，等. T/CACM 1021.13—2017. 中药材商品规格等级半夏[S]. 中华中医药学会，2017.

[2] 张瑾，谈献和. 半夏资源研究进展[J]. 中国中医药信息杂志，2010，17（5）：104–106.

[3]　张明，钟国跃，马开森. 半夏倒苗原因的实验观察研究[J]. 中国中药杂志，2004，29（3）：273–274.

[4]　郭巧生. 半夏研究进展[J]. 中药研究与信息，2000，2（10）：15–20，46.

[5]　冯礼斌，杨帮才. 半夏病虫综合防治措施[J]. 四川农业科技，2008（5）：44.

[6]　陈铁柱，周先建，张美赫，等. 赫章半夏GAP规范化种植标准操作规程（SOP）[J]. 现代中药研究与实践，2011，25（2）：8–12.

[7]　阮培均，梅艳，王孝华，等. 道地特色中药材半夏的规范化种植技术示范[J]. 贵州农业科学，2010，38（5）：49–53，56.

[8]　左志琴，沈志华，辛增平. 试述半夏在方剂中的配伍意义[J]. 河南中医，2008，08：88–90.

[9]　陈新俊. 半夏的临床应用[J]. 时珍国医国药，1998，9（4）：303.

[10]　王俊伟. 半夏在方剂配伍中的作用[J]. 山西医药杂志，2008，37（18）：741–748.

[11]　李红旗. 张仲景用半夏浅析[J]. 中国民间疗法，2013，21（6）：7–8.

[12]　陈贞月. 论张仲景妙用半夏[J]. 亚太传统中药，2016，12（3）：72–73.

chong lou

重楼

本品为百合科植物云南重楼*Paris polyphylla* Smith var. *yunnanensis*（Franch.）Hand. -Mazz.或七叶一枝花*Paris polyphylla* Smith var. *chinensis*（Franch.）Hara的干燥根茎。

一、植物特征（图1）

1. 云南重楼

多年生草本植物。根状茎横走而肥厚，棕褐色，节上生纤维状须根。茎通常带紫红色，基部有膜质叶鞘抱茎。叶5～11枚，倒卵状长圆形或倒披针形。花顶生于叶轮中央，花被两轮，外轮绿色，卵形或披针形，内轮花被片与外轮花被片同数，线形或丝状，黄绿色，长为外轮的一半或近等长；雄蕊2～4轮，8～12枚；子房近球形，绿色，具棱或翅。果近球形，绿色，不规则开裂。种子多数，卵球形，具鲜红的外种皮。花期4～6月，果期10～11月。

a   b

图1　重楼原植物

2. 七叶一枝花

多年生草本植物。根状茎粗厚，棕褐色，密生环节和须根。茎通常带紫红色，基部有灰白色干膜质的鞘。叶轮生，通常7枚，椭圆形或倒卵状披针形。外轮花被片绿色，狭卵状披针形；内轮花被片狭条形，通常比外轮长；雄蕊8～12枚；子房近球形，具棱。蒴果紫色。种子多数，具鲜红色多浆汁的外种皮。花期4～7月，果期8～11月。

二、资源分布概况

云南重楼分布于福建、湖北、湖南、广西、四川、贵州、云南等省区。七叶一枝花分布于江苏、浙江、江西、福建、台湾、湖北、湖南、广东、广西、四川、贵州、云南等省区。

重楼的野生资源已近枯竭，现以栽培为主，滇桂黔石漠化区域内的六枝、西秀、施秉、三穗、黎平、屏边、泸西、砚山、西畴、麻栗坡、马关、丘北、广南、富宁等县（区）种植有云南重楼。

三、生长习性

云南重楼、七叶一枝花为典型的阴生植物，喜凉爽阴湿，忌强光直射。适宜生长在山谷、溪涧边及阴湿阔叶林下等富含腐殖质的壤土或肥沃的砂质壤土中，在碱土或黏土中不能生长。植株较耐寒，在1～2℃时芽头无冻害。

四、栽培技术

1. 种植材料

无性繁殖时选择芽头饱满、根系发达、无病虫害、无机械损伤的根茎作为种植材料。有性繁殖时选择生长整齐、无病虫害的植株所繁殖的饱满、成熟度一致的种子作为种植材料。

2. 选地与整地

（1）选地　选择生荒地或种植过玉米、荞麦等禾本科作物，土壤疏松、富含腐殖质、保湿、遮阴，利于排水的坡地或缓坡地。不能选择种植过辣椒、茄子、烤烟等茄科作物或施肥过多、种植过蔬菜的熟地。云南重楼的高秆大叶品种选择海拔1600米以下、气候湿润温暖的区域，矮秆品种选择海拔1800米以上，气候冷凉干燥的区域；七叶一枝花适合海拔300～1700米的区域。

（2）整地　前茬作物收获后，清理残渣并进行焚烧。将充分腐熟的农家肥均匀撒于田中（每亩用农家肥2000～3000千克），同时选用敌百虫、毒死蜱、氰菊酯等农药中的一种拌土壤撒施，深翻土壤30厘米以上，暴晒一个月以彻底杀灭土壤中的害虫、虫卵及病菌。最后一次整地时可选用百菌清、代森锌、多抗霉素、福美双、腐霉利等杀菌剂进行土壤消毒以确保土壤无病菌。对于过度偏酸的土壤可用生石灰调节酸碱度（约10千克/亩）。耙碎、耙平土壤后依据地块的坡向山势作畦，一般畦面宽1.2米、高25厘米，畦沟和围沟宽30厘米，以使沟沟相通利于雨季排水。

（3）搭建荫棚　重楼属喜阴植物，忌强光直射，采用荫棚种植时应在播种或移栽前搭建好遮阴棚。遮阴棚可按4米×4米进行打穴栽桩，用长约2米、直径10～12厘米的木桩或水泥桩，桩栽入土中深度约40厘米，桩与桩的顶部用铁丝固定，边缘桩用铁丝拴牢，并将铁丝的另一端拴在小木桩上斜拉打入土中固定。铺盖遮阴度为70%的遮阳网，在固定遮阳网时应考虑易收拢和展开。在冬季风大或下雪的地区种植重楼，应在植株倒苗后（10月中旬）将遮阳网收拢，在第二年出苗前（4月）再把遮阳网展开盖好。

3. 播种

（1）无性繁殖　小规模种植和根茎来源充足时采用根茎繁殖。秋、冬季重楼倒苗后，采挖健壮、无病虫害根茎，按垂直于根茎主轴方向，在带顶芽部分节长3～4厘米处切割，伤口蘸草木灰或将切口晒干，然后按照大田种植方法进行栽培。

（2）有性繁殖　大规模种植时尽量采用种子繁殖。①采种：在立冬前后植株枯萎、果实开裂后进行采摘，用纱布包裹果实后搓去种皮、洗净种子，选择饱满成熟、无病害、无霉变、无损伤的种子，自然阴干后做种。②催芽：将选好的重楼种子与湿沙按1：5拌匀，再拌入1%种子量的多菌灵可湿性粉剂，拌匀后放置于花盆或育苗盘中，保持温度18～22℃、湿度30%～40%（手握成团，松开即散）。③育苗：第二年1月左右，在平整好的畦上，先铺厚约1厘米洗过的河沙，再铺3～4厘米筛过的壤土，然后将处理好的种子按5厘米×5厘米的株行距播于畦上，覆盖厚约2厘米等比例的腐殖土和草木灰，再用松针或稻草覆盖后浇透水。在育苗期间应保持适当湿度，并喷施少量磷酸二氢钾以促进种苗生长。每亩需种子约5千克，可育种苗约10万株。育苗3年后，当种苗根茎直径超过1厘米时即可移栽。

4. 田间管理

（1）移栽　10月中旬至11月上旬进行移栽，此时种苗已倒苗，花、叶等器官尚未发育，可减小对重楼根系的破坏，有利于移栽后重楼出苗。

（2）种植方法　在畦面横向开4～6厘米深的沟，根据种苗大小设置株行距，一般10克左右的云南重楼种苗株行距为10厘米×20厘米，2克左右的七叶一枝花种苗株行距为10厘米×15厘米。栽种时种苗顶芽芽尖向上放置，用开后一沟的土覆盖前一沟。然后用松针或稻草覆盖畦面，厚度以不露土为宜，并一次性浇透定根水，以后根据土壤墒情浇水，保持土壤湿度。

（3）水肥管理　重楼种植后应使土壤水分保持在30%～40%，一般10～15天浇水1次。注意及时清理畦沟，以使排水良好，切忌畦面积水。分别于5月中旬、8月下旬追肥1次，追肥以有机肥为主，同时根据重楼生长情况配合施用氮、磷、钾肥料。一般每亩每次施有机肥1500千克、尿素10千克、过磷酸钙20千克、硫酸钾12千克，施肥后及时浇水。7～8月为重楼生长旺盛期，期间可在晴天傍晚用0.5%尿素和0.2%磷酸二氢钾喷施重楼叶面以促进其生长。

（4）中耕除草　9～10月用小锄轻轻中耕，同时结合培土、施用冬肥，但注意不能过深以免伤害地下茎。立春前后逐渐出苗时要及时拔除杂草。

重楼的栽培大田示意图见图2。

图2　重楼田间管理

5. 病虫害防治

（1）猝倒病　发病初期用25%甲霜灵可湿性粉剂300倍液喷淋防治，或用50%多菌灵500倍液喷施，每7天喷1次，连喷2～3次；及时拔除病株，用硫酸铜500倍液浇灌病区。

（2）根腐病　选择避风向阳的坡地栽培，并开沟理墒，以利排水。出苗后使用200毫克/升的农用链霉素加25%多菌灵可湿性粉剂250倍液混合后喷雾防治；发病初期用1%硫酸亚铁溶液或生石灰施在创伤处进行消毒。

（3）叶枯病　及时排水、松土，发病初期可用200倍波尔多液喷雾，严重时用400～600倍代森锰锌喷雾。

（4）地老虎　每亩用50～70克90%敌百虫拌20千克细潮土撒施或用0.5千克50%辛硫磷乳剂拌5千克鲜菜叶做成毒饵后撒施。

（5）金龟子　用敌杀死800～1000倍液或6%敌敌畏喷杀，每3～5天喷1次，连喷3次。

五、采收加工

1. 采收

10～11月重楼地上茎枯萎后选择晴天采挖，种子育苗得到的种苗在移栽后第6年采收；带顶芽根茎的种苗在移栽后第5年采收。采挖时先用洁净的锄头在畦旁开挖40厘米深的沟，然后顺序向前刨挖。采挖时尽量保证重楼根茎的完整性。

2. 加工

将采挖出的重楼去净泥土和茎叶，带顶芽部分切下留作种苗，其余部分洗净后自然阴干或晒干。干燥后的重楼断面呈白色至浅棕色，具粉性。

六、药典标准

1. 药材性状

呈结节状扁圆柱形，略弯曲，长5～12厘米，直径1.0～4.5厘米。表面黄棕色或灰棕色，外皮脱落处呈白色；密具层状突起的粗环纹，一面结节明显，结节上具椭圆形凹陷茎痕，另一面有疏生的须根或疣状须根痕。顶端具鳞叶和茎的残基。质坚实，断面平坦，白色至浅棕色，粉性或角质。气微，味微苦、麻。（图3）

5cm

图3　重楼药材

2. 鉴别

本品粉末白色。淀粉粒甚多，类圆形、长椭圆形或肾形，直径3～18微米。草酸钙针晶成束或散在，长80～250微米。梯纹导管及网纹导管直径10～25微米。

3. 检查

（1）水分　不得过12.0%。

（2）总灰分　不得过6.0%。

（3）酸不溶性灰分　不得过3.0%。

七、仓储运输

1. 仓储

药材应贮存在清洁、干燥、阴凉、通风、无异味的专用仓库中，要防止霉变、鼠害、虫害，注意定期检查。贮藏时间不宜超过1年，贮藏1年后化学成分会发生较大变化，从而引起药材质量下降。

2. 运输

运输工具必须清洁、干燥、无异味、无污染。运输中应防雨、防潮、防污染，应不与其他有毒、有害、易串味物质混装。

八、药材规格等级

根据市场流通情况，将重楼药材分为"选货"和"统货"两个等级；"选货"项下按直径、单个重量、每千克个数等进行等级划分。应符合表1要求。

表1　规格等级划分

等级		性状描述	
		共同点	区别点
选货	一等	结节状扁圆柱形，略弯曲。表面黄棕色或灰棕色，密具层状突起的粗环纹，结节上具椭圆形凹陷茎痕，另一面有疣状须根痕，顶端具鳞叶和茎的残基。质坚实，断面平坦，白色或浅棕色，粉性或角质。气微，味微苦，麻	个体较长，直径≥3.5厘米，单个重量≥50克，每千克个数≤20，大小均匀
	二等		个体较长，直径≥2.5厘米，单个重量≥25克，每千克个数≤40，大小均匀
	三等		个体较短，直径≥2.0厘米，单个重量≥10克，每千克个数≤100，大小均匀
统货		结节状扁圆柱形或长条形。断面黄白色或棕黄色，表面黄棕色或灰棕色，粗环纹明显，结节上具椭圆形凹陷茎痕，有须根或疣状须根痕，顶端具鳞叶和茎的残基。质坚实，粉性或角质。气微，味微苦，麻。大小不等	

注：1. 粉质重楼和角质重楼可根据市场需求分开定级。重楼同属近缘物种较多，仅采用外观性状难以鉴定准确的物种，建议采用现代理化、分子方法加以鉴别。此外尚有进口品，基原不明。

2. 同一级别中，粉质重楼优于角质重楼。

3. 角质重楼在市场上常被称为胶质重楼。

九、药用食用价值

1. 临床常用

（1）痈肿疔疮，咽喉肿痛，毒蛇咬伤　本品苦以降泄，寒能清热，故有清热解毒，消肿止痛之功，为治痈肿疔毒，毒蛇咬伤的常用药。用治痈肿疔毒，可单用为末，醋调外敷，亦可与黄连、赤芍、金银花等同用；用治咽喉肿痛、痄腮、喉痹，常与牛蒡子、连翘、板蓝根等同用；治疗毒蛇咬伤，可用其鲜根捣烂外敷患处，也常与半边莲配伍使用。

（2）惊风抽搐　本品苦寒入肝，有凉肝泻火，熄风定惊之功。治疗小儿热极生风，手足抽搐等，可单用本品研末冲服，或与钩藤、菊花、蝉蜕等配伍。

（3）跌打损伤　本品入肝经血分，能消肿止痛，化瘀止血。治疗外伤出血，跌打损伤，瘀血肿痛，可单用研末冲服，也可配伍三七、血竭。

2. 食疗及保健

（1）重楼炖猪肚汤　重楼20～50克，猪肚一个，猪肚洗净，重楼打碎，冷水浸透后放入猪肚中并留少许水，然后用线将猪肚口扎紧，放入锅中加水适量，文火煲熟调味后服食。用于胃炎、胃溃疡以及十二指肠溃疡等。

（2）重楼炖筒子骨　重楼20～50克，续断50克，筒子骨1个，排骨洗净，重楼切片，放入锅中加水适量，文火煲熟调味后服食。用于跌打损伤及骨质疏松。

（3）重楼面膜　重楼15克，丹参30克，将重楼、丹参洗净，切片，同入砂锅，加水500毫升，大火煮沸后小火再煮20分钟，滤出药液，将剩余药渣加水再煮，取药液，合并两次滤液约300毫升，调入10克蜂蜜即成。用此液涂脸，15分钟后用清水洗去。用于脓疱性、囊肿性痤疮。

参考文献

[1] 张金渝，杨美权，杨天梅，等. T/CACM 1021.114—2018. 中药材商品规格等级重楼[S]. 中华中医药学会，2018.

[2] 李恒. 重楼属植物[M]. 北京：科学出版社，1998：14.

[3] 黄璐琦，张金渝，杨美权. 重楼生产加工适宜技术[M]. 北京：中国医药科技出版社，2018：39-45.

[4] 张廷模. 临床中药学[M]. 第二版. 上海：上海科学技术出版社，2012：115.

[5] 太光聪，方其仙，李行，等. 滇重楼栽培技术及有效成分积累研究综述[J]. 安徽农业科学，2012，40（16）：8881-8883.

[6] 田启建，陈功锡，刘冰，等. 人工栽培七叶一枝花的生物学特征及物候期研究[J]. 湖南农业科学，2010（13）：18-20.

[7] 陈翠，杨丽云，吕丽芬，等. 云南重楼种子育苗技术研究[J]. 中国中药杂志，2007，32（19）：1979-1983.

[8] 陈翠，杨丽云，袁理春，等. 不同栽培密度对滇重楼生长的影响研究[J]. 云南农业科技，2010（4）：16-18.

[9] 杨勤，张华，周浓，等. 滇重楼贮藏期间化学成分的变化[J]. 中国实验方剂学杂志，2015，21（13）：56-58.

dan   shen

丹 参

本品为唇形科植物丹参*Salvia miltiorrhiza* Bge.的干燥根和根茎。

一、植物特征

多年生直立草本；主根肥厚，肉质，外面朱红色，内面白色，侧根较少见。茎直立，高40～80厘米，四棱形，具槽，密被长柔毛，多分枝。叶常为奇数羽状复叶，密被向下长柔毛，卵圆形或椭圆状卵圆形或宽披针形，先端锐尖或渐尖，基部圆形或偏斜，边缘具圆齿，草质，两面被疏柔毛，下面较密，与叶轴密被长柔毛。苞片披针形，先端渐尖，基部楔形，全缘，上面无毛，下面略被疏柔毛，比花梗长或短。花萼钟形，带紫色，花后稍增大，外面被疏长柔毛及具腺长柔毛，具缘毛。花冠紫蓝色，外被具腺短柔毛，冠筒外伸，比冠檐短。花盘前方稍膨大。小坚果黑色，椭圆形。花期4～8月，花后见果（图1）。

图1　丹参原植物

二、资源分布概况

　　资源分布较广，在我国河北、山西、陕西、山东、辽宁、河南、甘肃、江苏、浙江、安徽、江西、湖南、湖北、四川、贵州、广东等省均有分布。适宜于滇桂黔石漠化种植区域有黄平、镇远、黔西、岑巩、天柱、锦屏、麻江、丹寨等地栽培。

三、生长习性

　　生长适应能力较强，可适应多种气候条件，以气候温暖地区栽培为好。种子在适宜湿度，地温15～25℃条件下，5～10天即可出苗。苗期遇高温、干旱天气，幼苗停止生长甚至造成死亡，生长期则要求气温高。其茎叶不耐严寒，超过−5℃就易冻伤，但地下部分却可以在更低的气温下安全越冬。喜稍湿润的环境，怕水涝和积水，在地势低洼、排水不良的情况下，易发生叶黄根烂。过于干燥的气候与土壤条件，对其生长发育是不利的，特别是幼苗出土期遇干旱会造成严重缺窝；秋季发生持续干旱，会影响根部发育，降低产量。

四、栽培技术

1. 种植材料

生产以无性繁殖为主，亦有少量种子繁殖。挑选健壮、无病害植株的带芦头根，或当年生根，或枝条作种植材料；种子繁殖以粒大饱满、无病虫害的成熟种子作为材料。

2. 选地与整地

（1）选地 选择海拔高度在500～1000米，坡度0°～20°，光照充足、排水良好、浇水方便、地下水位不高的地块。要求土壤层深厚，质地疏松，pH6～8的砂质壤土。土质黏重、低洼积水、有物遮光的地块不宜种植。

（2）整地 种前施足磷肥、厩肥、饼肥或化肥作基肥。一般亩施腐熟的农家肥5000千克，过磷酸钙50千克或磷酸二铵20千克。深翻30～40厘米，以利根系生长发育。耙细整平，作宽1～1.2米的平畦，作高15～20厘米的高畦。地块周围挖排水沟，使其旱能浇、涝能排。

3. 播种

（1）无性繁殖 ①分根繁殖：秋季收获时，选择直径0.7～1厘米、颜色紫红、无病虫害、发育充实的一年生丹参根作种根，湿沙藏至翌春。早春3～4月，将种根切成4～6厘米小段，按行距、株距、深度35厘米×25厘米×6厘米的规格，将切好的种根竖着放入穴中，一穴一段，大头朝上，切勿颠倒，覆土2厘米左右，不宜过厚。每亩使用种根50～60千克。开花晚，当年难收到种子，但根部生长较快，药材产量高。②芦头繁殖：将细根连芦头带心叶用作种苗，晚秋或早春进行种植。株、行距与分根繁殖方法相同。③扦插繁殖：在4～5月，选取生长健壮、无病的丹参枝条齐地剪下，切成13～16厘米长的小段，下部切口要靠近茎节部位，呈马蹄形。剪除下部叶片，按行株距20厘米×10厘米斜插于苗床，深为插条的1/2～2/3，覆土压紧，地上留1～2个叶片。插条边剪边插，插后保持土壤湿润，适当遮阴，15～20天从最下部的茎节处长出新根。待根长3厘米时，定置于大田。

（2）有性繁殖 选用6月以后成熟的种子，随采随播，或9月条播。行株距30厘米×20厘米，沟深1～1.3厘米，种子与河沙混合，均匀撒于沟内，覆土0.5～0.7厘米。亩播种量0.5千克左右。播后盖地膜，保温保湿。当地温达到20℃左右时，15～20天出苗。幼苗3～5片叶时间苗，间出的苗可外行栽植、培育。幼苗培育75天左右即可移栽。

移栽：春栽于5月中旬，秋栽于10月下旬进行。按行距33厘米×23厘米挖穴，穴底施入适量粪肥作基肥，与穴土拌均匀后，每穴栽幼苗1～2株，栽植深度以种苗原自然生长深度为度，微露心芽即可。栽后浇透水。扦插苗每穴栽1株，按同样方法和栽植密度栽入穴内。

4. 田间管理

（1）补苗 3～4月开始出土时，进行查苗，发现土壤板结、覆土较厚要及时松土，扒开盖土，促进出苗，同时对缺苗的地方进行补苗。

（2）中耕除草 一般中耕除草3次，3～4月幼苗高10～13厘米时进行一次，这次除草只能用手拔除，以免伤苗；5月上旬进行一次，7月下旬进行一次，这2次可以采用松土锄草。平时做到有草就除。

（3）追肥 结合中耕除草追肥3次，第1次在出苗后不久追施1次农家肥，每亩1500千克；第2次于5月上旬至6月上旬，中除后追施1次农家肥，每亩2000千克，加饼肥50千克；第3次于6月下旬至7月中下旬，结合中耕除草，重施1次农家肥，每亩3000千克，加过磷酸钙25千克、饼肥50千克，施后覆土盖肥。

（4）排灌水 忌积水，积水易发生根腐。多次大雨后，应及时疏通水沟，排尽积水，以保证根部的正常发育；遇干旱天气，及时用沟浸灌，有条件的可以自动喷灌，应及时排除积水，避免受涝烂根。

（5）摘蕾控苗 除留种用外，从4月中旬开始，在花序刚抽出1.5～2厘米长时陆续将其摘掉。

5. 病虫害防治

（1）叶斑病 实行轮作，同一块地种丹参不超过2年；收获后将枯枝残体及时清理出田间，集中烧毁；增施磷钾肥，或于叶面上喷施0.3%磷酸二氢钾，以提高抗病力，或发病初期每亩用50%可湿性多菌灵粉剂配成800～1000倍的溶液喷洒叶面，隔7～10日一次，连续喷2～3次；用300～400倍的EM复合菌液，叶面喷雾1～2次；发病时应立即摘去发病的叶子，并集中烧毁以减少传染源。

（2）菌核病 保持土壤干燥，及时排除积水；发病地进行水田栽种，淹死种核，再作为丹参栽培田；发病期用50%氯硝铵0.5千克加石灰10千克拌成灭菌药，撒在病株茎的基部及附近土壤；用50%腐霉利1000倍液浇灌。

（3）根腐病 雨后及时疏沟排水；栽种前，种根、种茎或种苗的根用25%多菌灵200倍液浸根10分钟，晾干后栽种；发病期用50%多菌灵800～1000倍液，或50%甲基托布津每亩1.5～2.5千克稀释成1000倍液浇灌病株，每周1次，连续2～3次。

（4）根结线虫病 实行轮作，同一地块种植丹参不超过2年，最好与禾本科作物轮作；结合整地，每亩施入3%辛硫磷颗粒3千克，撒于地面，翻于土中，进行土壤消毒；发病时，每亩用米乐尔颗粒3千克，沟施，也可用40%辛硫磷乳油稀释20倍灌根。

（5）粉纹夜蛾 收获后将病株集中烧毁，杀灭越冬虫卵；可于地中悬挂黑光灯，诱杀成蛾；幼虫出现时，用10%杀灭菊酯2000～3000倍液或90%敌百虫800倍液喷杀，每周1次，连续喷2～3次。

（6）棉铃虫 现蕾期开始喷洒50%磷胺乳油1500倍或25%杀虫脒水剂500倍液防治。

（7）蛴螬 施肥要充分腐熟，最好用高温堆肥；灯光诱杀成虫；用75%辛硫磷乳油按种子量的0.1%拌种；田间发生期用90%敌百虫1000倍或75%辛硫磷乳油700倍液浇灌；用氯丹乳油25克，拌炒香的麦麸5千克，加适量水配成的毒饵，于傍晚撒于田间诱杀。

五、采收加工

1. 采收

（1）采收期 在种植当年的12月前后地上部开始枯萎后，或翌年春季发芽前采挖。

（2）田间清理 收获后将枯枝残体及时清理出田间，集中堆于发酵池内，发酵腐熟，来年当作肥料使用。

（3）采挖 从垄的一端挖深沟，深度由根长而定，当根全部露出后，顺垄逐株取出全部根系，田间暴晒，去泥运回。采挖工作尽量选择在晴天或阴天进行，避免在雨天或雨后天气进行，否则土壤湿润粘黏不易除去。

2. 加工

采挖运回后，鲜丹参应及时摊开成一薄层并不时翻动，不能堆积，否则容易发霉腐烂。待鲜丹参摊晾2～3天后，徒手除去根系上绝大部分的泥土，忌水洗。

晒干和阴干可在整个过程中及时除去杂质。干燥方法视情况而定，若天气晴朗，将采挖运回的鲜丹参置于阳光下晾晒，并不时翻动，晒至手掰即断即可；若遇阴雨天气，先将鲜丹参摊开晾置2～3天除杂后，置于烘房或烘干机中烘干，烘干温度不得超过50℃，烘至手掰即断即可；另外，丹参也可以采用阴干方法进行干燥，但是过程耗时较长，容易出现变质现象，不过此种方法干燥的丹参有效成分保留最高。

六、药典标准

1. 药材性状

根茎短粗，顶端有时残留茎基。根数条，长圆柱形，略弯曲，有的分枝并具须状细根，长10~20厘米，直径0.3~1厘米。表面棕红色或暗棕红色，粗糙，具纵皱纹。老根外皮疏松，多显紫棕色，常呈鳞片状剥落。质硬而脆，断面疏松，有裂隙或略平整而致密，皮部棕红色，木部灰黄色或紫褐色，导管束黄白色，呈放射状排列。气微，味微苦涩。（图2）

2cm

图2　丹参药材

2. 鉴别

本品粉末红棕色。石细胞类圆形、类三角形、类长方形或不规则形，也有延长呈纤维状，边缘不平整，直径14~70微米，长可达257微米，孔沟明显，有的胞腔内含黄棕色物。木纤维多为纤维管胞，长梭形，末端斜尖或钝圆，直径12~27微米，具缘纹孔点状，纹孔斜裂缝状或十字形，孔沟稀疏。网纹导管和具缘纹孔导管直径11~60微米。

3. 检查

（1）水分　不得过13.0%。

（2）总灰分　不得过10.0%。

（3）酸不溶性灰分　不得过3.0%。

（4）重金属及有害元素　铅不得过5毫克/千克；镉不得过1毫克/千克；砷不得过2毫克/千克；汞不得过0.2毫克/千克；铜不得过20毫克/千克。

4. 浸出物

（1）水溶性浸出物　不得少于35.0%。

（2）醇溶性浸出物　不得少于15.0%。

七、仓储运输

1. 仓储

贮藏仓库地面、墙体、门窗、隔热、通风、防虫、防鼠、防盗等应符合SB/T 11095—2014《中药材仓库技术规范》、SB/T 11094—2014《中药材仓储管理规范》的要求。在保管期间如果水分超过13%、包装袋打开、没有及时封口、包装物破碎等，导致丹参吸收空气中的水分，发生返潮、结块、褐变、生虫等现象，必须采取相应的措施。

2. 运输

运输车辆的卫生合格，温度在16～20℃，湿度不高于30%，具备防暑防晒、防雨、防潮、防火等设备，符合装卸要求；进行批量运输时应不与有毒、有害、易串味物质混装。

八、药材规格等级

按市场流通情况，根据主根中部直径、长度划分"选货"和"统货"两个等级。应符合表1要求。

表1　规格等级划分

等级	性状描述	
	共同点	区别点
选货	干货。呈长圆柱形。表面红棕色，具纵皱纹，外皮紧贴不易剥落。质坚实，断面较平整，略呈角质样	长≥12厘米，主根中部直径≥0.8厘米
统货		长度不限，不分大小

注：1. 市场调查发现，野生丹参不能形成商品主流，个别市场以滇丹参或甘西鼠尾草作野生丹参出售，应当注意鉴别。

2. 目前市场上存在大量加工成片的丹参，这些丹参片大小不一，厚薄不均，部分药材市场还有斜切片与丹参段。这些商品均不符合《中国药典》对丹参药材的规定，应注意区别。

3. 除正常丹参外，市场上尚存在较多熏硫丹参。熏硫丹参气味偏淡且断面颜色发白并呈半透明角质状，这类商品二氧化硫残留量容易超标，应注意区分。

4. 市场上对于统货的概念较为混乱，有些统货是指未经过挑选的药材，有些统货是指挑选分级后的丹参药材，现将未经过挑选的药材统一称为统货。

5. 场上存在发汗丹参，与普通丹参区别在于断面呈黑色，其他方面差别不明显。

九、药用价值

（1）瘀血证　本品功善活血化瘀，作用平和，能祛瘀生新，活血不伤正，前人有"一味丹参功同四物"之说，故广泛用于瘀血所致的各种病症；又其性偏寒，更适宜于瘀热互结之证。本品尤为妇科调经之要药。对瘀血引起的月经不调、痛经、经闭及产后瘀阻腹痛，可单味为末，酒调服；或配益母草、当归等活血调经药同用。治癥瘕积聚，可与三棱、莪术、鳖甲等活血理气、软坚散结药同用；治跌打损伤，肢体瘀血作痛，常与当归、乳香、没药等活血止痛药同用；治风湿痹证，可配伍防风、秦艽等祛风湿药用。

（2）疮疡痈肿　本品性寒，既凉血又活血，有清瘀热、消痈肿之功，可用于热毒瘀阻引起的疮痈肿毒，常配伍金银花、连翘等清热解毒药同用。

（3）热入营血，心烦不眠　本品性属寒凉，入心经，既能凉血活血，又能清心除烦安神，用于温热病热入营分之心烦少寐，常配伍清营凉血之生地、竹叶等，如《温病条辨》清营汤。此外，还可用于血不养心之心悸怔忡、失眠健忘，也可与党参、龙眼肉、白芍、阿胶等配伍使用。

现代将本品广泛应用于心脑血管疾病，如冠心病、脑梗死、脑血管意外后遗症、血栓性血管炎等。

参考文献

[1] 詹志来，方文韬，邓爱平，等. T/CACM 1021.7—2018. 中药材商品规格等级丹参[S]. 中华中医药学会，2018.

[2] 彭成. 中华道地药材[M]. 上册. 北京：中国中医药出版社，2011：891–921.

[3] 蒋传中，敬民，黄仁福，等. 丹参规范化种植技术研究[J]. 世界科学技术–中医药现代化，2002，4（4）：75–78.

[4] 严玉平，由会玲，朱长福，等. 丹参种源分布及道地性研究[J]. 时珍国医国药，2007，18（8）：1882–1883.

[5] 李红峰，于文敏，高宾. 丹参的炮制加工与规格等级[J]. 首都医药，2009（21）：42–43.

[6] 付彬，李志红，王小妮. 丹参常见病虫害防治研究[J]. 河南大学学报（医学版），2008，27（4）：56–58.

党参

本品为桔梗科植物党参*Codonopsis pilosula*（Franch.）Nannf.、素花党参*Codonopsis pilosula* Nannf. var. *modesta*（Nannf.）L. T. Shen或川党参*Codonopsis tangshen* Oliv.的干燥根。

一、植物特征（图1）

党参为多年生草本植物。根长圆柱形，顶端有一膨大的根头，具多数瘤状的茎痕，外皮乳黄色至淡灰棕色，有纵横皱纹。茎缠绕，长而多分枝，下部疏被白色粗糙硬毛；上部光滑或近光滑。叶对生、互生或假轮生；叶片卵形或广卵形，先端钝或尖，基部截形或浅心形，全缘或微波状，上面绿色，被粗伏毛，下面粉绿色，被疏柔毛。花单生，花萼绿色，长圆状披针形，先端钝、光滑或稍被茸毛；花冠阔钟形，淡黄绿色，有淡紫色斑点，直立；雄蕊5，花丝中部以下扩大；子房下位，呈漏斗状。蒴果圆锥形，有宿存花萼。种子小。花期8～9月，果期9～10月。

图1　党参原植物

素花党参与党参的主要区别在于：全体近于光滑无毛；花萼裂片较小，长约10毫米。

川党参与前两种的区别在于：茎下部的叶基部楔形或较圆钝，仅偶尔呈心脏形；花萼仅贴于子房最下部，子房对花萼而言几乎为全上位。

二、资源分布概况

党参主要分布于华北、东北及西北部分地区，以栽培为主，少量为野生，在山西长治、甘肃渭源等地大量栽培。素花党参主要分布于甘肃、陕西、青海及四川西北部，其中甘肃文县、四川平武、陕西凤县等地有栽培。川党参主要分布于四川、贵州、湖南、湖北、陕西等省区，在湖北恩施、贵州道真等地栽培种植。滇桂黔石漠化地区种植主要以川党参为主，其种植区域有施秉、六枝、赫章等地。此技术为川党参的种植及加工技术。

三、生长习性

川党参适应性较强，喜温润、潮湿、阴凉气候，对光照要求较严格，耐干旱，较耐寒。各生长发育期对温度的要求不同。种植土壤以肥沃疏松、排水良好、富含腐殖质、pH5.5～7.5的中性或偏酸性为宜。

四、栽培技术

1. 种植材料

以种子繁殖为主。选用籽粒饱满、品种纯正、无虫蛀、贮藏不超过1年且发芽率85%以上的种子作为种植材料。

2. 选地与整地

（1）选地　育苗地宜选半阴半阳坡，距水源较近，土壤较湿润的地方；定植地向阳，熟地或荒坡地均可。

（2）整地　前茬作物收获后，及时翻耕1次，深30厘米。播种前，每亩施基肥（常用厩肥、堆肥、抗土肥、猪羊粪等）1500～3000千克，再翻耕1次，顺坡整平。荒坡地应在7～8月铲除杂草，深翻1次，拣去石块、树根等杂物，整平地面，开挖排水沟，每一亩地施厩肥或堆肥2500～5000千克作基肥，再深耕1次，整平理墒。

3. 播种

播期多在春秋两季，以秋播出苗较好。秋播于10月初开始至冬至来临前播完；春播于3月下旬至4月上旬播种。播种方法有撒播和条播。

（1）种子处理　播种前将种子于40～50℃的温水中浸泡至不烫手时，再放5分钟，移置纱布袋内，用清水冲洗数次，再整袋放在15～20℃的细沙堆中，每4小时用清水冲洗1次，5～6天后待种子裂口即可播种。

（2）撒播　将种子均匀撒在墒面上，再覆盖细土，以盖住种子为宜，轻轻碾压使其和土壤充分接触，再覆盖一层稻草、松针或切碎的玉米秸秆。

（3）条播　按20厘米行距在整好的墒面上开浅沟，将拌好的种子均匀撒播于沟内，盖细土，再覆盖一层稻草、松针或切碎的玉米秸秆。每亩用种子1.5～2千克。

4. 育苗移栽

（1）育苗　以撒播为主，畦宽1.2～1.5米。播前将地面耙松，耙齿深度不超过3厘米；覆土、再盖草。

（2）移栽　秋栽宜迟，春栽宜早。产区为旱地，则以秋栽为好，有利于蓄水保墒、春栽土壤水分丢失严重，不宜提倡。按行距20～30厘米开沟，沟深20～25厘米，山坡地顺坡横向开沟，将参苗按5～10厘米斜摆于沟中，芦头上覆土3厘米。

5. 田间管理

（1）苗期管理　①遮阳：翌年4月初，用树枝、苇帘、麦草、麦糠、玉米秆等物保湿和防晒，苗高15厘米时可将盖草等覆盖物揭完；春播后搭遮阳网棚，待长至2～3片真叶时掀去；可与玉米、小麦、油菜等间作套种育苗。②除草、间苗、定苗：苗高5～7厘米时适当间苗，保持株距3厘米，分次除去一部分过密的弱苗。苗高9～12厘米时，按株距10厘米定苗。③松土除草：7月中旬至8月中旬培垄，封垄后不再松土。浇水或雨后松土保墒，保持畦内疏松无杂草。④搭架：苗高30厘米搭架，引茎蔓缠绕。⑤清理田园：地上部枯萎后，及时清除残株茎叶，拔出架设物，用50%多菌灵800～1000倍液进行田园消毒处理，减轻病害蔓延发生。⑥起苗：在高海拔山区一般育苗2年才可收参苗，将参苗按大、中、小分级定植。

（2）移植后管理　①中耕除草：封行前勤除杂草、松土，第一年除草3次，即4～6个月各一次，移植后2年以上，每年早春出苗后除草1次。②搭架：参苗高约30厘米时搭架。③疏花：非留种田及当年收获的参田，及时疏花以利根部生长。

（3）合理施肥　①底肥：每亩地施厩肥或堆肥4000～5000千克左右，畦四周开排水沟，沟宽24厘米，深15～21厘米。②追肥：6月下旬或7月上旬开花前，每亩用硫酸铵10～12.5千克与过磷酸钙15～20千克混合追肥，或结合第一次除草松土，每一亩地施氮肥10～15千克；结合第二次松土每一亩地施入过磷酸钙25千克，肥施入根部附近；在冬季每一亩地施厩肥1500千克左右。

（4）排灌水　出苗期畦面保持潮湿，幼苗期适当浇水。苗长到15厘米以上时不需浇水、追肥，雨季注意排水。

6. 病虫害防治

（1）锈病　发病初期施用25%粉锈宁可湿性粉剂1000倍液或50%二硝散200倍液，每7～10天喷1次，连续2～3次；发病期喷0.2～0.3波美度石硫合剂，每7天喷1次，连用2～3次；收获后清园，集中烧毁地上部病残株。忌连作，实行轮作。

（2）根腐病　播种前认真选种，剔除病种，进行种子消毒，用健壮无病虫害的植株作移栽种苗；多雨季节做好排水防涝工作；发病期用50%二硝散200倍液喷洒。

（3）紫纹羽病　选用多年未种植过川党参地培育参苗，播种前施足经充分腐熟的厩肥或饼肥，忌用林间收集的渣土肥，确保参苗健壮无病；如果土壤偏酸，在播种或栽植前每亩施生石灰80～160千克，适当调节土壤pH；用40%多菌灵胶悬剂500倍液处理土壤，每平方米浇药液5千克，移栽前用40%多菌灵胶悬剂300倍液，浸泡参根30分钟，稍晾干后栽植。

（4）霉病　清除病株残叶集中烧毁；发病期喷40%霜疫灵300倍液或70%百菌清1000倍液，每7～10天喷一次，连续2～3次。

（5）蚜虫　为害期喷洒40%乐果1200倍液或2.5%鱼藤精1000～1500倍液，或灭蚜松乳剂1500倍液。

（6）非洲蝼蛄　在前一年做好土壤处理，不使用未腐熟的厩肥（如鹿粪等）做基肥；将麦麸50千克，炒香后晾干，拌入2.5%敌百虫粉1～1.5千克或50%辛硫磷乳油0.3～0.5千克，再慢慢加适量水至15千克左右，搅拌均匀后即可使用，一亩地使用毒饵3～4千克，傍晚前进行；用90%敌百虫150克配成30倍液，加秕谷5千克制成毒谷，将毒谷撒在蝼蛄活动的隧道处；早春根据蝼蛄在地面造成的虚土堆的特点，查找虫窝，挖到14厘米左右深处捕杀；设置黑灯光诱杀成虫。

（7）红蜘蛛　冬季清园，拾净枯枝落叶，并集中烧毁；清园后喷1～2波美度石硫合剂；4月开始喷0.2～0.3波美度石硫合剂，或50%杀螟硫磷1000～2000倍液，每周1次，连续数次。

（8）蛴螬　施用腐熟有机肥，以防招引成虫来产卵；挖出被害植株根际附近的幼虫；每亩用90%敌百虫100～150克，或50%辛硫磷乳油100克，拌细土15～20千克做成毒土；

用50%辛硫磷乳油1500倍液浇植株根部，也有较好的防治效果。

（9）小地老虎　3～4月间清除参地周围杂草和枯枝落叶，挖土捕杀幼虫和蛹；用50%辛硫磷乳油1000倍液拌成毒土或毒沙，每公顷撒施300～375千克，也可用90%敌百虫1000倍液浇穴。

为了防止农药在药材内残留，在采收药材前50天内应禁施有毒杀虫农药。

五、采收加工

1. 采收

育苗移栽后第2年秋冬地冻前采收。先拨出支架，割去茎蔓，再挖取参根。挖出的参根抖去泥土，去掉残茎。挖根时注意不要伤根，以免浆汁流失。

2. 加工

（1）晾晒　新鲜党参运回后，按大小、长短、粗细分级，及时薄摊于地面晾晒，除去部分水分。晒至根条发软、折弯不断时，在地上揉搓3～5分钟，同时脱除部分根毛、泥土，就地继续晾晒。晒至根条温热（30～40℃）后上堆，上面覆盖塑料薄膜在日光下闷晒，增加根柔软程度，以便揉搓理条。（图2）

图2　党参的加工

（2）理条　参根晒至发软时，顺理根条3～5次，再捆成小把，放于木板上反复揉搓，再继续晒干。搓过的参根皮细，肉坚而饱满，利于贮藏。理条次数不宜过多，用力不要过大，每次理条或揉搓后必须摊晾，不能堆放，以免发酵而影响品质。

（3）分级包装　按不同级别将头尾理顺后交错装入编织袋或木箱中，置阴凉、通风、干燥处保存，防止虫蛀变质。

党参加工以晒干为宜。但贵州阴雨天多，尤其秋季更甚，因此党参可用无烟微火烘干，温度控制在25～30℃为宜，也可利用烤烟房烘烤。

六、药典标准

1. 药材性状

长圆柱形，稍弯曲，长10~45厘米，直径0.5~2厘米。表面灰黄色至黄棕色，有明显不规则的纵沟。质较软而结实，断面裂隙较少，皮部黄白色。（图3）

图3　党参药材

2. 鉴别

木栓细胞数列至10数列，外侧有石细胞，单个或成群。栓内层窄。韧皮部宽广，外侧常现裂隙，散有淡黄色乳管群，并常与筛管群交互排列。形成层成环。木质部导管单个散在或数个相聚，呈放射状排列。薄壁细胞含菊糖。

3. 检查

（1）水分　不得过16.0%。

（2）总灰分　不得过5.0%。

（3）二氧化硫残留量　不得过400毫克/千克。

4. 浸出物

不得少于55.0%。

七、仓储运输

1. 仓储

党参储存易出现虫蛀、发霉、泛油、风化、变色、潮解等现象，致使其质量降低，因此储存时必须保证储存条件的良好性。加工好的党参置于干燥、通风良好的贮藏库内储藏，并注意防虫防鼠；夏季注意防潮，贮藏期间要勤检查、勤翻动、常通风，必要时可密封臭氧充氮养护；为保持色泽，还可放在密封的聚乙烯塑料袋中储藏，并定期检查。

2. 运输

运输工具或容器应具有良好的通气性,以保持干燥,并应有防潮措施,尽可能地缩短运输时间;同时不应与有害、有毒及易串味的物质混装。

八、药材规格等级

根据芦头下直径划分"选货"和"统货","选货"再分一等、二等、三等三个等级。应符合表1要求。

表1 党参规格等级划分

等级		性状描述	
		共同点	区别点
选货	一等	呈圆锥形。表面灰黄色至黄棕色,有"狮子盘头"。质稍柔软或稍硬而略带韧性。断面稍平坦,裂隙较少,有放射状纹理,皮部黄白色。有特殊香气,味微甜	芦头下直径≥1.0厘米
	二等		芦头下直径0.7~1.0厘米
	三等		芦头下直径0.5~0.7厘米
统货			大小不等

九、药用食用价值

1. 临床常用

(1)肺脾气虚证 本品性味甘平,主归脾肺二经,以补脾肺之气为主要作用。用于中气不足的体虚倦怠,食少便溏等症,常于白术、茯苓等配伍应用;对肺气亏虚的咳嗽气促,语声低弱等症,可与黄芪、蛤蚧等配伍应用,以补益肺气,止咳定喘。其补益脾肺之功与人参相似而力较弱,临床常用以代替古方中的人参,用于治疗脾肺气虚的轻证。

(2)气血两虚证 本品既能补气,又能补血,常用于气虚不能生血,或血虚无以化气,而见面色苍白或萎黄、乏力、头昏、心悸等症,常配伍黄芪、白术、当归、熟地黄等品,以增强其补气补血效果。

(3)气津两伤证 本品对热伤气津之气短口渴,亦有补气生津作用,适用于气津两伤的轻证，宜与麦冬、五味子等养阴生津之品配伍应用。

2. 食疗及保健

（1）清补食品　党参具有健脾益肺的功效，在生活中普遍作为清补食材应用，如用来炖排骨、猪脚等，以发挥其缓补的作用。

①参芪虫草乳鸽：黄芪、茯苓、党参各15克，白术9克，陈皮、虫草各6克，乳鸽1只，食盐、味精若干。做法：乳鸽去毛、内脏，再将各味药材放入大碗中，加水隔热蒸煮，直至乳鸽熟烂，再加入少量精盐、味精调味即成。功效：补脾益肺，止咳平喘。

②四君蒸鸭：肥鸭1只，炙甘草6克，党参15克，茯苓、白术各10克，绍酒15克，鲜汤700克，葱5克，姜、盐各10克，味精1克。做法：将鸭子宰杀，去毛、嘴、爪、内脏，洗净后入沸水中氽过捞起，装入蒸碗。姜、葱洗净，姜切片，葱切段。将甘草、党参、茯苓、白术洗净切片，用纱布袋装好，扎紧口后放入鸭腹内。加入姜片、葱段、绍酒及鲜汤，上蒸笼以武火蒸约3小时，至鸭肉烂熟、鸭骨松裂时取出。取出药袋，拣去姜、葱，将鸭子装盘，加精盐、味精，适量注入原汤即成。功效：健脾益气，滋阴养胃。

③党参红枣炖排骨：党参30克，红枣8枚，排骨500克，姜、葱、精盐、味精、胡椒粉、料酒各适量。做法：将党参洗净，切片；红枣洗净，去核；排骨洗净，剁成段。将排骨、党参、红枣、姜、葱、料酒放入锅内，加入清水适量，置大火上烧开，再用小火炖熟，汤熟时加入精盐、味精、胡椒粉即成。功效：补气活血。

（2）补益保健品　党参是一味常用的传统补益药材，功能与人参相似，但作用较人参弱，市场上常作为人参的代替品使用，可制成补益养身的保健品。如十全育真汤《医学衷中参西录》，组方：党参、黄芪各15克，山药、知母、玄参、生龙骨、生牡蛎各12克，丹参9克，三棱、莪术各6克。具有补气养阴，活血，固涩的功效，用于气阴两虚，兼有血瘀症。症见形体消瘦，皮肤粗糙，或喘促，自汗，脉弦细数等。方中党参、黄芪益气养阴；山药、知母、玄参滋阴降火；生龙骨、生牡蛎固涩敛汗安神；丹参、三棱、莪术治血去瘀。全方配伍，共奏补气养阴、活血固涩之功。党参百合粥《百种中药防老食谱》，党参取汁，与百合、粳米同煮，加入冰糖，具有补脾益气，润肺止咳的功效，对于老年慢性支气管炎，肺结核等属气虚者，可用本食谱调理。另外还有参芪茶、党参麦芽茶等。

（3）功能保健品　以党参为配方的保健品很多，如复方党参口服液，是以党参、枸杞、山楂为主要原料，根据传统的技术手段，筛选出来的一种具有增强免疫功能的保健产品。经功能验证表明，复方党参口服液具有补中益气，增强免疫力的保健作用。补中益气丸是以炙黄芪、党参、甘草、白术（炒）、当归、升麻、柴胡、陈皮为配方制成的保健品，用于脾胃虚弱、食少腹胀等，能调节消化液分泌，促进小肠吸收，增强机体免疫功能等。

参考文献

[1]　陈谦海，李永康. 贵州植物志[M]. 第六卷. 贵阳：贵州科学技术出版社，1989：366.

[2]　贵州省中药资源普查办公室，贵州省中药研究所. 贵州中药资源[M]. 北京：中国医药科技出版社，1992.

[3]　周海燕，赵润怀，李成义，等. T/CACM 1021.8—2018. 中药材商品规格等级党参[S]. 中华中医药学会，2018.

[4]　孙庆文，徐文芬，王悦云，等. 贵州党参属药用的植物资源现状及开发前景[J]. 华西药学杂志，2011，26（5）：501–502.

[5]　解友升，蒋学杰. 党参标准化种植技术[J]. 特种经济动植物，2016（11）：41.

[6]　杨阳. 洛党参异地栽培技术[J]. 农技服务，2016，33（5）：54–62.

[7]　于晓东. 党参加工技术研究[J]. 人参研究，2010，22（2）：48.

[8]　全世佑. 浅析党参的加工储藏技术[J]. 甘肃农业，2013（12）：25–26.

du　zhong
杜 仲

本品为杜仲科植物杜仲*Eucommia ulmoides* Oliv.的干燥树皮。

一、植物特征

落叶乔木，高达20米；树皮灰褐色，粗糙，内含橡胶，折断拉开有多数白色细丝。小枝淡褐色或黄褐色，有皮孔。叶互生，椭圆形、卵形或矩圆形，先端渐尖，边缘有锯齿。

花单性，雌雄异株，无花被，先叶开放或与叶同时开放，生于当年枝基部，雄花无花被，无毛；雌花单生，苞片倒卵形，子房无毛，1室，先端2裂。翅果扁平，长椭圆形，先端2裂，基部楔形；种子扁平，线形，两端圆形。花期4～5月，果期9～10月。（图1）

图1　杜仲原植物

二、资源分布概况

杜仲在我国分布广泛，主要分布于陕西、甘肃、河南、湖北、四川、云南、贵州、湖南、浙江、安徽、广西、福建等省区。栽培产区有河南、湖南、湖北、贵州、陕西、四川、江苏、山东、山西、重庆、甘肃等省市。滇桂黔石漠化区域的紫云、水城、长顺、关岭、平塘等地有种植。

三、生长习性

喜温暖湿润气候，适应性强，耐寒，能在−21℃的低温下生长。在自然状态下，多生于谷地或低坡的疏林里，对土壤的要求不严格，在瘠薄的红土，或岩石峭壁均能生长，喜微酸性至微碱性的砂质壤土或黏壤土。

四、栽培技术

1. 种植材料

生产上以种子育苗移栽为主。选择20～30年树龄、无病虫害、未剥过皮的健壮母株采集种子，以淡褐色或黄褐色、饱满有光泽的种子作为有性繁殖的材料。

2. 选地与整地

（1）选地　育苗地宜选择土质疏松肥沃、向阳、土壤湿润、排灌方便、富含腐殖质、无育苗史的地块。造林地选择在地势向阳的山脚、山坡中下部以及山谷台地，以土层深厚、疏松、肥沃、湿润、排水良好的微酸性或中性壤土为好。

（2）整地　育苗地应于冬季深翻，将土块打碎，清除杂草及石块。苗床整细耙平后做成高12～18厘米，宽1.2米的畦。移苗穴按株行距（2～2.5）米×3米，深30厘米，80厘米见方挖穴，穴内施入土杂肥2.5千克、饼肥0.2千克、过磷酸钙0.2千克。

3. 播种

（1）种子催芽处理　①沙藏催芽法：播前45～50天进行沙藏，沙藏前先用35～40℃温水将种子浸泡24小时，捞出后与备好的干净粗沙按1∶3或1∶5的体积比充分混匀，控制种沙湿度以手握成团，手松即散不滴水为度。②赤霉素处理法：将干藏的种子用30℃的温水浸种15～20分钟，捞出种子置于0.02%的赤霉素溶液中浸泡24小时，捞出晾干立即播种。

（2）种子消毒　将处理后的种子，用0.2%～0.3%的高锰酸钾溶液浸种处理2小时，然后将种子取出，密封30分钟，再用清水冲净，阴干至粒与粒之间不粘连。

（3）播种　冬播在11～12月，春播在2～4月。以条播法较好，按20厘米株行距开沟，沟的深度为3～4厘米，将处理好的种子均匀地播入沟内，然后覆土2～3厘米，每公顷播种量在60～65千克。

（4）间苗　按株距8～10厘米间苗，间苗宜在阴天或傍晚进行，用硬竹片轻轻挑出（尽量带泥），间出的苗应及时移栽。栽后浇水，7～10天后用尿素施肥1次。

（5）移栽　幼苗生长一年后，于第二年春季叶芽萌动之前选择高100厘米左右的健康苗进行定植移栽。移栽前先在挖好的穴底施入适量腐熟的农家肥，每穴施入磷酸二铵500克，与底土混匀，覆土厚度略高于原土痕迹。

4. 田间管理

（1）中耕除草　每年进行2次中耕除草。第1次在4～5月，第2次在7～8月，除草宜浅。对于土壤黏重、板结的林地，栽植后第2年开始进行深翻，以后每隔1年进行1次。

（2）修剪　对于幼苗，把离地面10厘米的细小树枝剪掉。当树高3～4米时，剪去主干顶梢和密生枝、纤弱枝和下垂枝。

（3）施肥　苗期一般施3次肥，苗高6～10厘米、6月和8月时各施肥1次，每公顷施尿素10千克。定植后，每年春季按每公顷施农家肥1000～1500千克，并加草木灰适量。

（4）排灌水　雨季要清理排水沟，及时排除积水。种子萌芽出土后，如遇天旱，须上午10时以前或下午4时以后浇水，浇水次数根据旱情而定。

5. 病虫害防治

（1）立枯病　播种前每亩地用1千克绿亨1号撒于苗床消毒；发病期，用75%百菌清可湿粉剂600倍液喷洒幼苗根及地面；在幼苗出土后30天内，用0.5%等量式波尔多液每10天喷洒1次，30天后用1.0%等量式波尔多液每15天喷洒1次，2～3次即可。

（2）根腐病　选择土壤疏松、排灌条件良好的地块育苗，实行轮作；播种前，每亩土地用70%五氯硝基苯粉剂1千克撒于畦面；病初喷施50%托布津400～800倍液或50%肿·锌·福美双500倍液浇灌病区。

（3）叶枯病　冬季清除落叶枯枝，病初及时摘除病叶；发病时，用50%多菌灵500倍液、75%百菌清600倍液、64%杀毒矾500倍液交替喷施2～3次，间隔7～10天；发病初期用65%可湿性代森锌500～600倍液或600～800倍多菌灵液喷洒，每隔10天1次。

（4）角斑病　加强田间管理，增施磷钾肥，增强植株抗病力；发病初期喷施1：1：100波尔多液，连喷2～3次，间隔期7～10天。

（5）褐斑病　秋后清除落叶枯枝，集中烧毁，减少传染病原；发病期用50%多菌灵可湿性粉剂500倍液、75%百菌清可湿性粉剂600倍液、64%杀毒矾可湿性粉剂500倍液、50%托布津400～600倍液、50%肿·锌·福美双400～600倍液、65%代森锌600倍液交替喷施2～3次，间隔期7～10天。

（6）灰斑病　发芽前用0.3%五氯酚钠喷杀枯梢上越冬病原；发病初期，喷洒50%托布津、50%肿·锌·福美双400～600倍液或25%多菌灵1000倍液。

（7）枝枯病　剪掉染病枝，伤口用50%肿·锌·福美双可湿性粉剂200倍液喷雾或用波尔多液涂抹剪口；发病初期可喷施65%代森锌可湿性粉剂400～500倍液。

（8）豹蠹蛾　在幼虫活动期（3～10月）清除、烧毁林中已折断及已被害的枝干。害虫产卵期间用白涂剂（生石灰15千克、食盐0.5千克，加水45千克）涂刷树干，用每毫升含2亿孢子的白僵菌注入虫孔。

（9）刺蛾　人工消灭越冬茧，用黑灯光诱杀成虫；幼虫始发期摘除虫叶，喷40%乐果乳剂800倍液或用每毫升0.3亿个苏云金芽孢杆菌防治。

（10）木蠹蛾　人工捕杀或将二硫化碳注入树干虫孔内毒杀，再用黏土封口；利用成虫的趋光性，以黑光灯诱杀成虫；用磷化铝堵塞虫孔，熏杀幼虫。

（11）小地老虎　春耕前进行精耕细作，或在初龄幼虫期铲除杂草，可消灭部分虫、卵；用糖、醋、酒诱杀液或甘薯、胡萝卜等发酵液诱杀成虫；用泡桐叶或莴苣叶诱捕幼虫。

（12）茶翅蝽象　在夏季或越冬期捕捉成虫消灭；果实危害严重时，可喷施50%辛硫磷乳油1000倍液防治。

五、采收加工

1. 采收

（1）采收期　5～7月剥皮采收效果最好。剥皮宜选择气温25～35℃、相对湿度80%以上的阴天，晴天在下午4时后进行。注意不要在雨天剥皮。

（2）采收方法　选择定植10年以上，胸径在12厘米以上的健壮植株采收树皮。一般有以下两种方法。①大面积环剥法：先在树干分枝处的下面横切一刀，再纵割一刀，呈T形，深度控制在只割断韧皮部而不伤及形成层，沿横割的刀痕，撬起树皮，把树皮向两侧撕裂，随时割断残连的韧皮部，绕树干一周全部割完，再向下撕至离地面10厘米处，割断。②砍树剥皮法：对老树采皮，于齐地面绕树干锯一环状切口，按商品规格要求的长度（如83厘米）向上再锯第二道切口，在两切口之间纵割后环剥树皮。不合长度及较粗的枝皮剥取后作碎皮药用。

2. 加工

采收后的树皮先用开水浇烫，然后展开，放置于通风、避雨处的稻草或麦草垫上，将杜仲皮紧密重叠，再用木板加石块压平，四周用草袋或麻袋盖严，使之发汗。7天后检查，如内皮呈黑褐色或紫褐色，即可取出晒干，用刨刀刨去外皮，使之平滑，修齐边缘，用棕刷将泥灰刷净。

六、药典标准

1. 药材性状

板片状或两边稍向内卷，大小不一，厚3～7毫米。外表面淡棕色或灰褐色，有明显的皱纹或纵裂槽纹，有的树皮较薄，未去粗皮，可见明显的皮孔。内表面暗紫色，光滑。质

图2 杜仲药材

脆，易折断，断面有细密、银白色、富弹性的橡胶丝相连。气微，味稍苦。（图2）

2. 鉴别

本品粉末棕色，橡胶丝成条或扭曲成团，表面显颗粒性。石细胞甚多，大多成群，类长方形、类圆形、长条形或形状不规则，长约至180微米，直径20～80微米，壁厚，有的胞腔内含橡胶团块。木栓细胞表面观多角形，直径15～40微米，壁不均匀增厚，木化，有细小纹孔；侧面观长方形，壁三面增厚，一面薄，孔沟明显。

3. 浸出物

不得少于11.0%。

七、仓储运输

1. 仓储

药材仓储要求符合NY/T 1056—2006《绿色食品 贮藏运输准则》的规定。仓库应干燥、通风、避光、有防护设备，仓储温度不得超过30℃，相对湿度控制在35%～75%；不应与非绿色食品混放；不应和有毒、有害、有异味、易污染物品同库存放。

2. 运输

运载工具和容器应洁净、干燥、无有害残留物，有较好的通气性和有严密的防潮设备。运输、贮存过程中应防止日晒、雨淋、受潮、发热。切忌水湿雨淋，以防生霉腐败。

八、药材规格等级

根据市场流通情况，按照杜仲商品的厚度、形状等指标进行等级划分。应符合表1要求。

表1　规格等级划分

等级	性状描述				
	共同点	区别点			
		形状	厚度	宽度	碎块
一等	去粗皮。外表面灰褐色，有明显的皱纹或纵裂槽纹，内表面暗紫色，光滑。质脆，易折断，断面有细密、银白色、富弹性的橡胶丝相连。气微，味稍苦	板片状	≥0.4厘米	≥30厘米	≤5%
二等		板片状	0.3～0.4厘米	不限	≤5%
统货		板片或卷形	≥0.3厘米	不限	≤10%

注：1. 杜仲以厚度为确定等级的主要指标，形状、宽度作为参考，以能区别于杜仲饮片为宜。

2. 市场上杜仲片、杜仲块、杜仲丝交易现象普遍。

九、药用食用价值

1. 临床常用

（1）肝肾不足，腰膝酸软，风湿痹痛　本品能补肝肾，强健骨，治肝肾亏虚，筋骨不健，可达标本兼治之功，可与萆薢、杜仲、牛膝等同用；治肝肾不足兼风湿痹痛，可与防风、川乌等配伍。

（2）跌扑损伤、筋伤骨折　本品辛散温通，能活血祛瘀，续筋疗伤，为伤科常用药。治跌打损伤，瘀血肿痛，筋伤骨折，与桃仁、穿山甲、苏木等同用；治疗脚膝折损愈后失补，筋缩疼痛，可与当归、木瓜、黄芪等配伍。

（3）肝肾不足、崩漏经多、胎漏下血、胎动不安　本品补益肝肾，调理冲任，有固本安胎之功，可用于肝肾不足，崩漏，月经过多，胎漏下血，胎动不安等症。治疗崩漏，月经过多，可与黄芪、地榆、艾叶等同用；治胎漏下血，胎动不安，滑胎证，可与桑寄生、阿胶等配伍。

2. 食疗及保健

以杜仲皮与叶为原料开发的保健品较多，如杜仲面、杜仲面粉、杜仲茶、杜仲冲剂、杜仲口服液、杜仲酒等，其中以杜仲茶生产规模最大，包括方便饮料茶、煎茶、冲茶、杜仲人参茶等。

参考文献

[1] 贵州中药资源编辑委员会. 贵州中药资源[M]. 北京：中国医药科技出版社，1992：42-47.

[2] 王英平，吴连举. 常用中药材安全生产技术指南[M]. 北京：中国农业出版社，2012：249-256.

[3] 徐良. 中国名贵药材规范化栽培与产业化开化新技术[M]. 北京：中国协和医科大学出版社，2001：624-629.

[4] 康传志，王青青，周涛，等. 贵州杜仲的生态适宜性区划分析[J]. 中药材，2014，37（5）：760-766.

[5] 李文娟. 杜仲栽培管理技术[J]. 农村科技，2017（1）：62-63.

[6] 曾令祥. 杜仲主要病虫害及防治技术[J]. 贵州农业科学，2004，32（3）：75-77.

[7] 王秀英. 杜仲栽培管理与采收技术[J]. 现代农业科技，2008（6）：51-54.

[8] 王秀英. 杜仲的采收和贮藏技术[J]. 农技服务，2004（9）：44-45.

[9] 陈俊华，庞久华. 杜仲及其伪品的比较鉴别[J]. 中药材，1991，14（7）：19-33.

[10] 吴修辉，吕海云，李淑华. 杜仲及常见伪品的鉴别[J]. 时珍国医国药，2006，17（1）：81.

[11] 金世元. 中药材传统鉴别经验[M]. 北京：中国中医药出版社，2010：169.

[12] 钟赣生. 中药学[M]. 北京：中国中医药出版社，2012：386.

[13] 卢兴松，赵润怀，焦连魁，等. T/CACM 1021.25—2018. 中药材商品规格等级杜仲[S]. 中华中医药学会，2018.

钩藤
gou teng

本品为茜草科植物钩藤*Uncaria rhynchophylla*（Miq.）Miq. ex Havil.、大叶钩藤*U. macrophylla* Wall.、毛钩藤*U. hirsuta* Havil.、华钩藤*U. sinensis*（Oliv.）Havil.或无柄果钩藤

U. sessilifructus Roxb.的干燥带钩茎枝。

一、植物特征（图1）

1. 钩藤

多年生木质常绿藤本。叶纸质，椭圆形或椭圆状长圆形，顶端短尖或骤尖，基部楔形至截形。头状花序单生叶腋，总花梗具一节，苞片微小，或成单聚伞状排列；小苞片线形或线状匙形；花近无梗；花萼管疏被毛，萼裂片近三角形，疏被短柔毛，顶端锐尖；花冠管外面无毛，或具疏散的毛，花冠裂片卵圆形，外面无毛或略被粉状短柔毛；花柱伸出冠喉外，柱头棒形。蒴果。花、果期5～12月。

图1　钩藤原植物

2. 大叶钩藤

多年生木质常绿大藤本。叶近革质，卵形或阔椭圆形，顶端短尖或渐尖，基部圆形、近心形或心形，上面仅脉上有黄褐色毛，下面被稀疏至稠密的黄褐色硬毛，脉上毛更密。头状花序单生叶腋，总花梗具一节，苞片成单聚伞状排列；花序轴有稠密的毛，无小苞片；花萼管漏斗状，被淡黄褐色绢状短柔毛，萼裂片线状长圆形，被短柔毛；花冠管外面被苍白色短柔毛，花冠裂片长圆形；花柱伸出冠管外，柱头长圆形。蒴果，种子有翅。花期夏季。

3. 毛钩藤

多年生木质常绿藤本。叶革质，卵形或椭圆形，顶端渐尖，基部钝，上面被稀疏硬毛，下面被稀疏或稠密糙伏毛。头状花序单生叶腋，总花梗具一节，苞片成单聚伞状排列；小苞片线形至匙形；花近无梗，花萼管外面密被短柔毛，萼裂片线状长圆形；花冠淡黄或淡红色，花冠管外面有短柔毛，花冠裂片长圆形；花柱伸出冠喉外；柱头长圆状棒形。蒴果。花、果期1～12月。

4. 华钩藤

多年生木质常绿藤本。叶薄纸质，椭圆形，顶端渐尖，基部圆或钝，两面均无毛。头状花序单生叶腋，总花梗具一节，节上苞片微小，或成单聚伞状排列；花序轴有稠密短柔毛；小苞片线形或近匙形；花近无梗，花萼管外面有苍白色毛，萼裂片线状长圆形，有短柔毛；花柱伸出冠喉外，柱头棒状。小蒴果。花、果期6～10月。

5. 无柄果钩藤

多年生木质常绿大藤本。叶近革质，卵形、椭圆形或椭圆状长圆形，顶端短尖或渐尖，基部圆至楔形，两面均无毛，下面常有蜡被。头状花序单生叶腋，总花梗具一节，或成单聚伞状排列；小苞片线形或有时近匙形；花无梗；花萼管外面有稠密苍白色毛，萼裂片长圆形，有短柔毛；花冠黄白色，高脚碟状；花柱伸出冠喉外，柱头长棒形。蒴果。花、果期3～12月。

二、资源分布概况

钩藤药材野生资料分布较广。钩藤主要分布于贵州、广东、广西、云南、四川、安徽、浙江、江西、福建、湖北、湖南等省区；大叶钩藤主要分布于广东、广西、云南及海南等省区；毛钩藤主要分布于贵州、广东、广西、福建、云南、四川省区；华钩藤主要在贵州、湖北、湖南、广西、四川、云南、陕西、甘肃等省分布；无柄果钩藤分布于广东、广西及云南。目前栽培区域主要集中在贵州、湖南、广西等省，其中贵州剑河为钩藤种植的代表性产区。

滇桂黔石漠化区域以栽培钩藤和毛钩藤为主，剑河县作为钩藤药材的主产区，"剑河钩藤"已被国家质检总局批准为地理标志保护产品。黎平、天柱、榕江、从江、雷山、丹寨、锦屏、福泉、台江、普安、镇远、岑巩、融安等地亦有种植。此技术为钩藤和毛钩藤种植及加工技术。

三、生长习性

钩藤喜温暖、湿润、光照充足的环境，耐阴，不耐寒。环境适应性强，对土壤要求不严，在一般土壤中能正常生长，但在土层深厚、肥沃疏松、排水良好的砂质或黏质壤土上生长良好。常生长于海拔800米以下的山坡、山谷、溪边、丘陵地带的疏生杂木林间或林缘向阳处。

四、栽培技术

1. 种植材料

在生产中以分株和扦插两种无性繁殖为主，少有种子繁殖。

（1）分株繁殖　春季以生长健壮者为母株，选择粗壮地下根上萌发的不定芽所发育形成的1年生带根新枝，作为分株栽培材料。

（2）扦插繁殖　3月初腋芽萌动时期，选取健壮母株，剪取2年生每节带2～3个健壮芽的枝条，作为扦插栽培材料。

（3）种子繁殖　10月下旬采收母本纯正、生长健壮、无病虫害、生长整齐一致植株的成熟果实，3月下旬至4月上旬播种前将日晒2天的蒴果搓烂，筛去杂质，用布包好置于50～55℃的水中浸泡5小时后，放在盆里拌草木灰进行消毒和打破种子表面蜡质层，拌河沙均匀撒播。

2. 选地与整地

（1）选地　育苗地选择地势平坦，灌溉便利的地块，定株地选择半阴半阳的山坡地、杉木林间空地或阔叶林地，均以土层深厚、肥沃疏松、腐殖质含量高、排水良好的砂质或黏质壤土为宜。也可与密度稀、树冠还不是很大的中幼松杉或核桃等林木间套种植。

（2）整地　①育苗整地：拣尽杂草及杂物，在耕前施入充分腐熟的有机肥，每亩2500千克，耕细土壤起厢，长10米、宽0.8～1.2米、高25～40厘米。②定株整地：在种植前1个月进行深耕，细碎土块，拣净杂物，根据不同的地形应地起垄，按行距2～3米、株距1.5～2米开穴，穴内规格长、宽、深均为50厘米，每穴施入土杂肥或腐熟厩肥2千克、专用复合肥0.15千克，并与土混匀施入穴中，覆土稍高于原地面。

3. 播种

（1）育苗　①分株育苗：春季选择生长健壮者作为母株，在其根际旁边，用锄头适当将根挖伤后覆土，促使根上萌发不定芽，产生新枝，并加强管理，约经1年再用快刀切取带根的新枝，作种苗定植。②扦插育苗：3月采集一、二年生健壮无病虫害的茎枝，用剪刀截成12～15厘米长的插穗，每段带有3～4节，将插穗绑成捆，上剪口距芽1～1.5厘米

图2　钩藤育苗田

处剪平，下剪口在侧芽基部或离节处2~3毫米处斜剪，剪口要平滑。用生根粉处理，并按12厘米×8厘米的行株距斜插在准备好的苗床上，扦插茎枝埋入土中约2/3，插条与地面呈60°，顶端顺着插床方向，压紧，浇足水。当小苗长至30~40厘米时，适当的摘芯，去除顶端优势，使茎秆木质化，当扦插苗生根成活后即可移栽定植。③种子育苗：3月下旬至4月上旬，将钩藤种子均匀撒播在苗床上，覆盖一层薄细土，并用塑料薄膜覆盖。出苗后，及时揭除塑料薄膜，架遮阳网。苗高2~3厘米时，施1次腐熟的有机肥。结合松土除草，作好苗期管理工作。在苗高10厘米左右时进行间苗，把长得较密、长势较好的苗移到新的苗床用于假植，留小苗复壮。当小苗长至30~40厘米时，摘芯，去除顶端优势，使茎秆木质化，主茎直径达0.5厘米时，即可移栽定植。（图2）

（2）定株　可在春秋两季进行，春季在3月上旬至4月中旬，秋季在10月上旬至11月下旬。选择无病虫害，无机械损伤，根茎粗壮，苗芽鲜活的新鲜苗木。起苗时，带土进行移栽，栽种不宜过深，10厘米左右即可。

4. 田间管理

（1）中耕除草　定株前两年，每年在春秋各进行1次除草和松土，深度为10厘米，不得碰伤植株基茎。3年后植株枝繁叶茂，需在春、夏两季各锄1次草，春季进行除草中耕时，将植株四周的杂草用锄头除去，抖尽泥土，覆盖于钩藤的根部，保持水分。夏季可用农达除草剂喷施，喷头要带护罩，避免伤钩藤植株。

（2）定苗　移栽后及时检查，发现缺苗、病苗或死苗及时补栽。

（3）追肥　结合中耕除草进行适当追肥，每株施尿素0.05千克，以后每年春季再追施1次复合肥，每株0.1千克。冬季每株施农家肥适量，施肥时先在植株根旁挖小穴，放入肥料后培土。

（4）灌溉　遇连续干旱天气时需灌溉。

（5）修剪打顶　第1年钩藤长至1.5米或主茎直径达1厘米以上且长势旺盛时，要及时打顶，使钩藤多分枝。秋季修剪植株主干、冠层所抽生的徒长枝。3年产钩后，每年在采收时，对茎蔓约留60厘米长短截，促使剪口萌发更多的健壮新梢，以提高产量。

5. 病虫害防治

（1）根腐病　多发生在苗期，表现为幼苗根部皮层和侧根腐烂，茎叶枯死。采取开沟排水，防止苗床积水。发现病株及时拔除销毁，病穴用石灰消毒，或用50%多菌灵1500倍液全面浇洒，以防蔓延。

（2）蚜虫　多发生于4～5月幼苗长出嫩叶时，或7～8月危及植株顶部嫩茎叶。利用蚜虫对黄色有较强趋性的原理，在田间设置黄板，上涂机油或其他黏性剂吸引蚜虫并消灭；利用蚜虫对银灰色有负趋性的原理，在田间悬挂或覆盖银灰膜，在大棚周围挂银灰色薄膜条（10～15厘米宽），驱避蚜虫；或利用银灰色遮阳网、防虫网覆盖栽培；也可用10%吡虫啉3000倍液喷杀防治。

（3）蛀心虫　多发于8～9月，幼虫蛀入茎内咬坏组织，中断水分养料的运输，致使顶部逐渐萎蔫下垂。发现植株顶部有萎蔫现象，应及时剪除，从蛀孔中找出幼虫杀死，发现新叶变黑或成虫盛发期，可用95%敌百虫1000倍液喷杀。

（4）毛虫　多发于6月，可将新发茎枝叶片吃光，影响产量。人工捕杀或用50%敌敌畏1000倍液喷杀。

（5）黑绒金龟子　多发于5～6月，成虫将初发新叶咬成孔洞状，可用20%甲氰菊酯3000倍液喷杀。

五、采收加工

1. 采收

（1）采收时间　栽后3～4年采收，秋、冬二季均可进行。

（2）采收方法　采收、树体整形同时进行，主茎保留1.5米左右短截，促发翌年侧枝，侧枝保留2～3个芽剪平。并保留3～4根从基部生长的主茎在行向成扇形分布，增加透风透光度，缩短节间距离，增加来年茎钩产量。

2. 加工

摘除带钩茎枝的叶片，切段，直接晒干，或将其置锅内稍蒸片刻，或于沸水中略烫，取出晒干。

六、药典标准

1. 药材性状

茎枝呈圆柱形或类方柱形，长2～3厘米，直径0.2～0.5厘米。表面红棕色至紫红色者具细纵纹，光滑无毛；黄绿色至灰褐色者有的可见白色点状皮孔，被黄褐色柔毛。多数枝节上对生两个向下弯曲的钩（不育花序梗），或仅一侧有钩，另一侧为突起的疤痕；钩略扁或稍圆，先端细尖，基部较阔；钩基部的枝上可见叶柄脱落后的窝点状痕迹和环状的托叶痕。质坚韧，断面黄棕色，皮部纤维性，髓部黄白色或中空。气微，味淡。（图3）

2cm

图3 钩藤药材

2. 鉴别

（1）钩藤 粉末淡黄棕色至红棕色。韧皮薄壁细胞成片，细胞延长，界限不明显，次生壁常与初生壁脱离，呈螺旋状或不规则扭曲状。纤维成束或单个散生，多断裂，直径10～26微米，壁厚3～11微米。具缘纹孔导管多破碎，直径可达56微米，纹孔排列较密。表皮细胞棕黄色，表面观呈多角形或稍延长，直径11～34微米。草酸钙砂晶存在于长圆形的薄壁细胞中，密集，有的含砂晶细胞连接成行。

（2）毛钩藤 非腺毛1～5细胞，其他同钩藤。

3. 检查

（1）水分 不得过10.0%。

（2）总灰分　不得过3.0%。

4. 浸出物

不得少于6.0%。

七、仓储运输

1. 仓储

储藏仓库应通风、阴凉、避光、干燥，温度30℃以下，相对湿度不高于65%，保管期间商品安全水分控制在9%～13%。有防鼠、防虫措施，地面整洁。当发生返潮、结块、褐变、生虫等现象，必须采取相应的措施。存放的条件，符合《药品经营质量管理规范》（GSP）要求。

2. 运输

车辆的装载条件符合中药材运输要求，卫生合格，并具备防暑防晒、防雨、防潮、防火等设备。进行批量运输时应不与其他有毒、有害，易串味物质混装。

八、药材规格等级

依据双钩、单钩和无钩，分为"双钩藤""单钩藤""混钩藤""钩藤枝"等级。等级应符合表1要求。

表1　规格等级划分

等级		性状描述	
		共同点	区别点
双钩藤		本品干货，净钩茎，无光茎，无枯枝钩	无单钩
单钩藤			无双钩
混钩藤	一等	本品干货，为双钩藤与单钩藤的混合品，无光梗，无枯枝钩	混钩藤单钩不超过1/3
	二等		混钩藤单钩不超过1/2
钩藤枝		本品干货，为无钩茎枝	

九、药用食用价值

1. 临床常用

（1）肝风内动证、惊痫抽搐 本品性凉，甘缓不峻，入肝经，既能熄风止痉，又能清肝热，尤适宜于属实证、热证者，为治阳热内盛，肝风内动，惊痫抽搐之常用药。治疗小儿急惊风，症见壮热神昏、抽搐、牙关紧闭者，常与全蝎、天麻、僵蚕等同用，如钩藤饮子；治疗温病热极生风，惊痫抽搐，常与羚羊角、白芍、菊花、生地黄等清热息风止痉药配伍以增效，如羚角钩藤汤。

（2）头痛、眩晕 本品性凉入肝，有清肝热，平肝阳之效，适用于肝火上炎或肝阳上亢之头胀头痛、眩晕等症。治肝火上攻之头痛口苦、眩晕目胀、急躁善怒，常与夏枯草、龙胆草、栀子、黄芩等清肝泻火之品配伍以增效；治肝阳上亢，肝风上扰所致头痛、目眩、失眠等症，常与天麻、石决明等平肝潜阳之品同用，如天麻钩藤饮；治疗肝肾阴虚，肝阳上亢之头目眩晕等症，常与首乌、石决明等滋肾益阴，平肝潜阳之品同用。

2. 食疗及保健

（1）补益保健茶 钩藤除了治病用药外，现已成功开发研制成养生保健产品。①黔剑钩藤茶，选用剑河县境内优质钩藤的鲜芽嫩叶弯钩，经传统工艺精制而成，茶汤青黄明亮，味甘苦微寒，是防治高血压、脑血栓、心脑血管疾病、老年痴呆及头晕、目眩、神经性头痛的保健饮品。②侗医降脂降压茶，以钩藤、扯丝皮为主药，配以活血散瘀、降低血脂的侗药，经多年临床应用观察对降血脂、降血压具有明显疗效。③侗医利咽茶，以钩藤、八爪金龙为主要，配以润肺利咽、消肿止咳的药物，对急慢性咽喉炎、扁桃体炎和肺阴虚的干咳病症具有良好的效果。④天麻钩藤茶，以天麻、钩藤煎煮液冲泡绿茶，每日1剂，代茶饮用，具有平肝熄风镇静的作用，主要用于肝阳上亢之高血压、头晕目眩、神经衰弱、四肢麻木等。

（2）功能保健品 ①钩藤茶口服液：主要由钩藤、槟榔、蝉蜕、金银花、蜂蜜等具有清热、通利、熄风、健脾胃之类的药物组成，药性相缓和，临床常用于足月新生儿早期，用以预防和治疗足月新生儿黄疸。钩藤茶在民间应用较广，多用于预防和治疗新生儿胎毒，婴幼儿黄疸、吐乳、发热、热痢、腹痛、腹胀、湿热泄及风湿热毒病因引起的高热抽搐。②复方钩藤散：以钩藤为君药，辅以陈皮、麦冬、半夏等，具有平肝熄风、清热化痰、益气养阴、降逆止呕等功效，临床上主要用于因痰热内扰、肝风内动而致的头晕、中风、失眠、癫痫、麻木、惊风等疾病。

（3）保健药枕 "侗医保健药枕"以钩藤、绞股蓝、脓闹李为主药，配以活血、醒脑、镇静安神、通经脉止痛的药物研制成，对长期睡眠差、患有颈椎骨质增生综合征、眩晕症等病症具有显著的防治效果。

参考文献

[1]　王柳萍. 中药商品学[M]. 第1版. 北京：中国中医药出版社. 2018.

[2]　李金玲，赵致，龙安林，等. 贵州野生钩藤生长环境调查研究[J]. 中国野生植物资源，2013，32（4）：58-60.

[3]　王太荣. 贵州剑河人工培植钩藤技术探讨[J]. 现代园艺，2009（2）：56-57.

[4]　吴安相，龙晓梅. 钩藤高产栽培技术[J]. 农技服务，2010，27（1）：106-107.

[5]　刘玉德，王桃银，李世玉，等. 钩藤的规范化栽培研究[J]. 中国现代中药，2012，14（7）：31-34.

[6]　何琴，曾宪策. 钩藤及其伪品的性状鉴别[J]. 实用中医药杂志，2011，27（4）：279.

[7]　余再柏，舒光明，秦松云，等. 国产钩藤类中药资源调查研究[J]. 中国中药杂志，1999，24（4）：198-202，254

[8]　龙云光，龙滢任，龙彦合. 黔东南苗侗民族医应用钩藤治病经验及其开发利用价值研究[J]. 中国民族医药杂志，2013（9）：30-32.

[9]　杨秀玲，叶永如，李晓明，等. 钩藤茶口服液在预防足月新生儿黄疸中的护理观察[J]. 当代护士，2012（11）：55-56.

何首乌
he shou wu

本品为蓼科植物何首乌*Polygonum multiflorum* Thunb.的干燥块根。

一、植物特征

多年生草本。块根肥厚，长椭圆形，黑褐色。茎缠绕，多分枝，具纵棱，无毛，微粗糙，下部木质化。叶卵形或长卵形，顶端渐尖，基部心形或近心形，两面粗糙，边缘全缘；托叶鞘膜质，偏斜，无毛。花序圆锥状，顶生或腋生，分枝开展，具细纵棱，沿棱密被小突起；苞片三角状卵形，具小突起，顶端尖；花梗细弱，下部具关节，果时延长；花被白色或淡绿色，花被片椭圆形；雄蕊8，花丝下部较宽；花柱极短，柱头头状。瘦果卵形，黑褐色，有光泽，包于宿存花被内。花期8～9月，果期9～10月。（图1）

图1　何首乌原植物

二、资源分布概况

何首乌野生资源主要分布于贵州、四川、云南、广东、广西、湖南、湖北等省区；在广东德庆、高州、云浮，四川米易，湖北恩施，贵州施秉等地有一定规模的种植。滇桂黔石漠化区域的隆安、马山、上林、镇宁、兴仁、普安、安龙、黄平、岑巩、台江、榕江、丹寨、龙里、广南、富宁等地有栽培。

三、生长习性

何首乌喜温暖、潮湿，忌干燥和积水，宜在排水良好、土层深厚、土质松软、富含腐殖质的砂质土中生长。

四、栽培技术

1. 种植材料

繁殖有种子繁殖、扦插繁殖和块根繁殖三种。种子繁殖以籽粒饱满、无虫蛀、常温贮藏不超过1年的种子为宜；扦插繁殖以芽点完好、生长健壮、无病虫害，含2～3个茎节，并带有1叶的茎藤作为扦插条；块根繁殖以带有茎的小块根或把小块根分切成几块，每块带有2～3个芽眼为宜。

2. 选地与整地

（1）选地　选阳光充足，排水良好，土质疏松、肥沃的砂质壤土为宜。不宜在盐碱性大、土质过黏及低洼之地种植。

（2）整地　每亩施厩肥或堆肥2500～3000千克，深翻25～30厘米，耕细整平，做宽120～130厘米的平畦。

3. 播种（图2）

（1）种子繁殖　在种子成熟时，剪下果穗，阴干脱粒，除去杂质，装入布袋，至阴凉干燥处保藏，第二年3月～4月播种。按行距30～35厘米开浅沟，施稀薄人畜粪水后将种子均匀播入沟内，每亩播种量0.8千克左右，盖厚1～2厘米细土，并淋水盖草，保持土壤湿润。出苗后及时揭除盖草，苗高5厘米时，按株距30厘米左右间苗。

图2　何首乌大田

（2）扦插繁殖　按行株距30厘米×30厘米开穴，穴深20厘米，每穴放入2～3根扦插条，不能倒插，覆土压实，盖草保润，10～15天可长出新芽。

（3）块根繁殖　可用整块也可切块繁殖，切块繁殖每块至少要留一个芽。切块用水清洗，以托布津1000～2000倍液浸泡2～3小时，再用草木灰涂抹切口，置阴凉通风处晾干后即可定植于大田或花盆中。

（4）压条繁殖　当枝条长到30厘米以上时，在枝条20厘米处固定并埋土，随着枝条不断生长进行压条，直到枝条停止生长为止。

4. 田间管理

（1）插篱搭架　何首乌缠绕性强，藤茎可生长至10米以上，田间栽培采用搭架种植，有利于通风透光。苗高30厘米时，可用竹条或小木条交叉插成篱笆状支架，使藤蔓向上攀援生长。可打桩拉绳；也可立水泥杆，水泥杆间顺行用4～5根铁丝连接；或行间套种高秆作物。

（2）施肥追肥　当苗高10厘米以上，植株长出新根后，每亩施农家肥1000～1500千克及花生麸50千克，过磷酸钙15～25千克，其他肥料100～300千克兑水成2500千克肥水，视苗期生长情况，由淡到浓分期施用。前期为了促进藤蔓生长，应适当增施氮肥，如尿素。在7～8月出现花蕾时，如苗蔓黄弱，应在施肥的基础上增施磷、钾肥，每亩施农家肥2000～3000千克或饼肥40～80千克。12月倒苗时，结合清除枯藤，施腐熟堆肥或土杂肥1次。施肥时最好在两行植株的中间开沟施入，然后覆土盖严，沟不能过深，以20厘米左右为宜。

（3）松土、除草与培土　全苗后应及早除草松土，深度3～6厘米，以后每隔10～15天进行一次，主藤蔓长到1尺以上时停止松土除草。定植后，应勤中耕除草，特别是春夏之际，杂草生长旺盛。生长年限比较长，栽培后地面经雨水冲刷，表土流失，根系暴露出来，不利于块根的膨大，所以可结合中耕除草将植株周围的表土培在根的基部。

（4）浇水灌溉与排水　定植后1个月内需水较多，前10天早晚各浇水1次，以后可结合施肥，浇淡水肥，一直到苗高1米以上为止。苗高1米以上后，除了干旱外，一般不再浇水，因为生长忌过分潮湿，如果水分太多，须根过度萌发，影响块根膨大，造成低产。高温多雨季节，注意排水防涝，以防块根腐烂。

（5）修枝与打顶　藤蔓生长过旺时，可割去一部分茎叶，一般只留一藤，多余的分枝剪掉，到1米以上才保留分枝，以利于通风透光。藤蔓生长过长时，可适当打顶。大田生产每年修剪4～6次。

5. 病虫害防治

（1）叶斑病　发病初期喷1∶1的120倍波尔多液，每7～10天喷一次，连续2～3次；发病后立即剪除病叶，再喷65%代森锌500倍液防治。也可选用50%多菌灵、代森锰锌、甲基托布津等喷雾防治。

（2）根腐病　拔除感病植株，穴内撒生石灰消毒或用2%生石灰浇灌病区，也可用50%甲基托布津800倍液或50%多菌灵1000倍液浇灌根部。

（3）锈病　及时摘去病叶，并清除遗落地上的病残株叶。发病初期可喷75%敌锈钠300～400倍液，或喷0.2～0.3波美度石硫合剂，每隔7～10天喷药一次，连续2～3次，可控制本病发展。使用75%百菌清100倍液，75%甲基托布津100倍液或200倍液，隔7～10天喷药一次，连续2次，可有效减少夏孢子的产生，有效率在60%以上。

（4）蚜虫　有翅蚜迁入高峰期或田间无翅若蚜发生期，可选用吡虫啉、啶虫脒、抗蚜威、敌杀死等喷雾防治；选用40%乐果1000倍液或50%敌敌畏乳油1500～2000倍液防治，为防止蚜虫产生抗药性，应轮换用药；在苗畦上覆盖40～45筛目的白色或银灰色网纱，以杜绝蚜虫接触；用剪裁成5厘米宽的银灰色塑料膜条，挂拉于田间架杆上或铺于田间，以减少蚜害；及时清除田间杂草，处理残株落叶，剪去带虫嫩枝并销毁；利用天敌如食蚜瓢虫、食蚜蝇、蚜茧蜂、草蛉等防治。

（5）金龟子　可用75%或90%敌百虫1000倍液喷杀。

（6）中华甘薯叶甲　可用5%西维因粉喷洒叶面和地面，也可喷洒50%马拉硫磷、二溴磷和亚胺硫磷乳剂800倍液防治。

（7）地老虎和蛴螬　可用75%辛硫磷制成的诱饵诱杀或用毒土杀。

五、采收加工

1. 采收

（1）采收年限和采收期　一般种植3年可以收获。秋冬季叶片脱落或春末萌芽前采收为宜。

（2）采收方法　将枝藤割断，拆除藤架，从厢面的一端，用锄头小心挖掘。因块根入土较深，采挖时必须深翻土壤，防止挖伤和漏挖块根，以免造成浪费。块根挖出后，抖去泥土、根蒂和须根。（图4）

图4　何首乌采收

2. 加工

采挖后用清水洗净，再用清水浸泡2～3小时，约八成透，直至润透。切厚片或块，晒干或烘干，筛去灰屑，除去腐黑片块。

六、药典标准

1. 药材性状

团块状或不规则纺锤形，长6～15厘米，直径4～12厘米。表面红棕色或红褐色，皱缩不平，有浅沟，并有横长皮孔样突起和细根痕。体重，质坚实，不易折断，断面浅黄棕色或浅红棕色，显粉性，皮部有4～11个类圆形异型维管束环列，形成云锦状花纹，中央木部较大，有的呈木心。气微，味微苦而甘涩。（图5、图6）

5cm

图5　何首乌药材

图6　何首乌横切面

2. 鉴别

（1）横切面　木栓层为数列细胞，充满棕色物。韧皮部较宽，散有类圆形异型维管束4～11个，为外韧型，导管稀少。根的中央形成层成环；木质部导管较少，周围有管胞和少数木纤维。薄壁细胞含草酸钙簇晶和淀粉粒。

（2）粉末特征　黄棕色。淀粉粒单粒类圆形，直径4～50微米，脐点人字形、星状或三叉状，大粒者隐约可见层纹；复粒由2～9分粒组成。草酸钙簇晶直径10～80（160）微米，偶见簇晶与较大的方形结晶合生。棕色细胞类圆形或椭圆形，壁稍厚，胞腔内充满淡黄棕色、棕色或红棕色物质，并含淀粉粒。具缘纹孔导管直径17～178微米。棕色块散在，形状、大小及颜色深浅不一。

3. 检查

（1）水分　不得过10.0%。

（2）总灰分　不得过5.0%。

七、仓储运输

1. 仓储

将包装好贮存于通风干燥的仓库内，保持温度在30℃以下和空气相对湿度60%～75%。商品安全水分在10%～13%。贮存时间较长时，应经常检查，防虫蛀、发霉变质。发现变潮后，应通风、晾晒或翻垛通风；发现发霉或虫蛀后，及时清除，置日光下暴晒。

2. 运输

运输时，严禁与有毒货物混装，要求运输车辆干燥、通风、防潮、清洁无异味、无污染。装车时要按规定装车、堆垛，并办理货物出入库手续。

八、药材规格等级

根据市场流通情况，按照产地加工方式的不同，将何首乌药材分为"何首乌个""何首乌片"和"何首乌块"三个规格；在规格项下，"何首乌个"规格为"统货"，"何首乌片"和"何首乌块"根据形状、大小进行等级划分，分成"选货"和"统货"两个等级。应符合表1要求。

表1　规格等级划分

规格	等级	性状描述	
		共同点	区别点
何首乌个	统货	本品呈团块状或不规则纺锤形，长6～15厘米。直径4～12厘米。表面红棕色或红褐色，皱缩不平，有浅沟，并有横长皮孔样突起和细根痕。体重，质坚实，不易折断，断面浅黄棕色或浅红棕色，显粉性，皮部有4～11个类圆形异型维管束环列，形成云锦状花纹，中央木部较大，有的呈木心。气微，味微苦而甘涩	

规格	等级	性状描述	
		共同点	区别点
何首乌片	选货	本品呈不规则的厚片。外表皮红棕色或红褐色，皱缩不平，有浅沟，并有横长皮孔样突起及细根痕。切面浅黄棕色或浅红棕色，显粉性；皮部有4~11个类圆形异型维管束环列，形成云锦状花纹，中央木部较大，有的呈木心。气微，味微苦而甘涩	形状规则，大小均匀。中心片多
	统货		形状不一，大小不等。边皮片多
何首乌块	选货	本品呈不规则的块。外表皮红棕色或红褐色，皱缩不平，有浅沟，并有横长皮孔样突起及细根痕。切面浅黄棕色或浅红棕色，显粉性；皮部有4~11个类圆形异型维管束环列，形成云锦状花纹，中央木部较大，有的呈木心。气微，味微苦而甘涩	形状规则，大小均匀
	统货		形状不一，大小不等

注：1. 何首乌药材为《中国药典》规定可趁鲜加工品种，可切成块；因而一般产地趁鲜加工较多，多由鲜个子直接切为厚片干燥，产地较少切小块。

2. 当前药材市场何首乌药材及饮片规格主要为片与块。《中国药典》对何首乌饮片有性状要求，即为切块（8~12毫米的方块），目前市场流通的何首乌块很多都大于12毫米，应需注意。

3. 目前市场主流为野生何首乌，也有家种何首乌，因种植年限不同性状稍有差异，建议关注。

九、药用食用价值

1. 临床常用

（1）久疟不止　可以截疟，以治久疟。气血未衰者，常与其他截疟药或与柴胡、青皮、当归等疏肝理气、补血活血之品同用；久疟体虚者，宜与人参、当归等补益气血之品配伍，如《景岳全书》何人饮。

（2）痈疽及皮肤瘙痒证　用于痈疽，可解毒以消痈散结，内服外用均可，单用或与金银花、连翘、苦参、白鲜皮等清热解毒之品同用。对于皮肤瘙痒，本品有止痒之效。用于血虚生风化燥，肌肤失养所致皮肤瘙痒，常与生地黄、当归、僵蚕等养血祛风之品同用。

（3）肠燥便秘证　通便机制类似大黄而力量远不及大黄。适用于肠燥便秘等不宜攻泻，又不容久闭之证，常与当归、火麻仁等养血润肠之品配伍。

2. 食疗及保健

何首乌既可入药又可食用，人们常在春季采摘其嫩茎叶炒食，秋季采其块茎，洗净煮粥，美食之余而又补充营养，有强身健体的作用，如：何熟地瘦肉汤、首乌当归鸡蛋汤。

①何熟地瘦肉汤：组方为瘦猪肉250克，何首乌、熟地黄各10克，枸杞子、菟丝子各6克，当归3克；做法：瘦肉洗净，切块；何首乌、熟地黄、菟丝子、当归洗净用干净布包好；将上述备料一齐放入砂锅内，加水适量，武火烧开后，改用文火煲2小时，调味食用；功能：补益肝肾，养血散寒；适于体质虚弱，面色萎黄，头晕目眩，腰膝酸痛等症。

②首乌当归鸡蛋汤：组方为鸡蛋3只，何首乌15克，当归9克，红枣10粒；制法：鸡蛋（带壳）、何首乌、当归、红枣（去核）洗净，一起放入砂锅内，加水适量，用文火煮，待鸡蛋煮熟后，去壳，再放回煲半小时，调味食蛋饮汤；功能：调补气血，滋阴养颜；用于头晕眼花，心慌心跳，视力减退，须发早白，脱发过多，未老先衰，遗精，白带过多，血虚便秘等症。

参考文献

[1] 史炎彭，王海洋，黄璐琦，等. T/CACM 1021.79—2018. 中药材商品规格等级何首乌[S]. 中华中医药学会，2018.

[2] 唐春梓，刘海华，艾伦强，等. 何首乌栽培资源调查[J]. 宁夏农林科技，2013，54（01）：14–15.

[3] 国家中医药管理局《中华本草》编委会. 中华本草[M]. 上海：上海科学技术出版社，1996.

[4] 赵致. 何首乌研究[M]. 北京：科学出版社，2003：9.

[5] 张乾. 何首乌生长特性与栽培技术探析[J]. 农技服务，2015，32（03）：44–45.

[6] 和志忠. 浅谈何首乌栽培技术[J]. 中国农业信息，2016，（12）：97–98.

厚朴

hou po

本品为木兰科厚朴*Magnolia officinalis* Rehd. et Wils.或凹叶厚朴*Magnolia officinalis* Rehd. et Wils. var. *biloba* Rehd. et Wils.的干燥干皮、根皮及枝皮。

一、植物特征（图1）

落叶乔木，高达20米。树皮厚，褐色，不开裂。小枝粗壮，淡黄色或灰黄色，幼时有绢毛；顶芽大，狭卵状圆锥形，无毛。叶大，近革质，聚生于枝端，长圆状倒卵形，上面绿色，无毛，下面灰绿色，被灰色柔毛，有白粉。花白色，芳香；花梗粗短，被长柔毛；花被片厚肉质，外轮淡绿色，长圆状倒卵形，盛开时常向外反卷，内两轮白色，倒卵状匙形，基部具爪，盛开时中内轮直立。聚合蓇葖果长圆状卵圆形；种子三角状倒卵形。花期5～6月，果期8～10月。

凹叶厚朴与厚朴极相似，区别在于凹叶厚朴的叶片先端凹陷，形成2圆裂（但幼叶先端圆形）。通常叶较小，侧脉较少，聚合果顶端较狭尖。

a

b

图1 厚朴原植物

二、资源分布概况

厚朴主要分布于我国湖北、四川、浙江、江西、甘肃、云南、贵州、广西等省区。凹叶厚朴比厚朴分布较广，厚朴适宜生长的地方，凹叶厚朴均能生长，但海拔比厚朴要偏低。四川、湖北产者习称为"川朴"；浙江、福建、江西、广西产者习称为"温朴"。在浙江景宁、湖北恩施、四川灌县等地建有厚朴和凹叶厚朴基地。滇桂黔石漠化区域在广西壮族自治区融水县、资源县等地有栽培。

三、生长习性

以疏松、肥沃、排水良好，含腐殖质土较多的酸性至中性土壤为宜。喜湿暖、凉爽、湿润、多雨雾、光照充足的环境，怕酷暑、严寒、积水。高温不利于植株的生长发育，而且容易得病。

四、栽培技术

1. 种植材料

生产以种子繁殖为主，亦可压条或扦插繁殖。种子繁殖选择种粒饱满，无病虫害的种子作为种植材料，育苗移栽。压条或扦插繁殖材料是在11月上旬或次年早春2月中旬，取生长10年以上的厚朴植株，树干基部四周长于70厘米枝条幼苗，或选择生长1～2年、直径1～1.5厘米，健壮、无病虫害的枝条，发根定植。

2. 选地与整地

（1）选地

①育苗地：选择湿润肥沃、排水良好的酸性至中性土壤作圃地，忌土壤黏重板结、排水不良或前茬作物为蔬菜、瓜果的农田作为圃地。

②栽种地：厚朴种植选在海拔800～2200米，凹叶厚朴种植选在海拔500～1700米，水源优、无污染的山区、荒坡地，可与杉树林、针叶林地共生。

（2）整地

①育苗地：对选择好的育苗地进行深翻，如是新开荒的地，应采取"三翻、三平"；已种过其他农作物的"熟地"，只需要"二翻、二平"即可。新开地第一次翻地深翻30～50厘米，露晒10～20天。第二次翻地前施入农家肥（如腐熟堆肥）2000～5000千克/亩，为防虫害，每亩可施生石灰60～150千克，二次翻地后进行露晒15～20天。第三次翻地敲细土块，平整苗床地，按地势开沟定畦（又称作苗床），畦宽1～1.5米，长度适当，以方便操作管理，高25～30厘米，排水沟宽25～30厘米。

②栽种地：结合地形山势，按行距3米、株距2米进行开穴，穴的大小在40厘米×50厘米×45厘米。

3. 播种

（1）种子繁殖　采用育苗移栽，9～10月种子成熟时将种子采回，除去外种皮即可播种，次年播种的种子须用湿沙贮藏。冬播11～12月，春播2～4月。播种前，将浸种48～96小时后的种子，放入适量粗沙，搓去种子外表面的蜡质保护层即可播种。播种方法以条播为主，按条距20～25厘米，粒间距6～8厘米左右播种，点播时，种子以入土2～3厘米为宜，每亩播种用量掌握在4～4.5千克左右，如果种子优良，发芽率好，每亩用干品种量在3.5～4.5千克。播种后，以稻草或地膜覆盖。出苗后，揭去覆盖物，若小苗生长不良，可施人粪尿一次，作为催苗。2～3年，苗高30～60厘米时即可定植。

（2）压条或扦插繁殖　将枝条幼苗中段横割约3厘米一环口压入挖好的沟中，覆土20厘米左右，土上用石块压住，枝条梢部留于土外，并扶正立直。待生根苗长到30～60厘米时可切离母株进行移栽。或将健康、无病虫害的枝条用锋利的枝剪，剪成长18～25厘米的插条，插于已备好的育苗床中，浇水，定插枝条，适当浇水和遮阴，经常保持插床湿润，约30天即可发根，翌年春出圃定植。

（3）分株定植繁殖　将幼苗连同根挖出，于春天，将苗放入塘中使根部舒展，覆土后压紧浇水定根。

4. 田间管理

（1）苗期管理　种子播种后，需保持育苗地的土壤湿润，多雨季节要防积水。苗期要经常拔草、松土，施肥要做到"多次少施"，每年施肥2～4次，以农家肥为主，化肥为辅。

（2）移栽后的植株管理

①中耕除草：种植前期的每年冬、夏各进行中耕除草一次，每次中耕除草结合在树基培土，并除去基部长的小分株苗，以促进主干生长。

②施肥：追肥与中耕除草结合，每年夏初中耕后，施农家肥或尿素；冬季则施堆肥或土杂肥等肥料，以促进苗木快速生长。

③整枝间伐：成林后，修剪弱枝、下垂枝和过密的枝条，以利养分集中供应主干和主枝。凡过于郁蔽的林冠，都要进行间伐。

④套种：厚朴生长发育缓慢，在种后头2～3年，可在行中间种豆类、玉米、桔梗、苦草或穿心莲等。对套种植物物进行除草、松土、施肥等耕作，可促进厚朴幼树生长。

5. 病虫害防治

（1）根腐病　应选择排水良好的苗地，不要过于阴湿。在基地撒布生石灰或硫黄粉消毒，并多施草木灰等钾肥，增强苗木抗病力。发病后须及时拔除病株并烧毁。

（2）叶枯病　冬季清洁林地，扫除枯枝病叶烧毁，消灭越冬病原。发病时用50%托布津1000倍液喷洒，每隔7天喷1次，连续2～3次。

（3）立枯病　注意排水。发病初期用5%石灰液浇窝，或在病株周围喷50%甲基托布津1000倍液。

（4）白蚁　寻找白蚁主通道，浇灌生石灰水。在不损伤厚朴树根的情况下，挖巢灭白蚁，可用灭蚊灵粉毒杀白蚁。

（5）褐天牛和星天牛　在8～9月的晴天上午捕杀成虫，9月后注入300倍的乙硫磷、敌敌畏，再用黏土塞孔。

（6）金龟子　冬季清除杂草，深翻土地，消灭越冬成虫。为害期用90%敌百虫1000～1500倍液喷洒。危害严重的林区，可设置40瓦黑光灯和马灯诱杀金龟子。

（7）褐边刺蛾和褐刺蛾　在秋季消除地面结茧的老熟幼虫。冬、春季，消除树基周围土壤中的茧，减少来年虫害。摘除有卵及初孵幼虫的叶片，集中烧毁。可喷90%敌百虫800倍液和Bt乳剂300倍液毒杀。

五、采收加工

1. 采收

（1）采收期　种植15年以上便可以剥皮。采收时间分为春季、夏季、冬季。春季采剥的称之为春朴，夏季采剥称之为夏朴，冬季采剥称之为冬朴。

春朴在开花前，3月上旬至4月中旬清明前后采集。夏朴在盛花期5～7月采集。冬朴一般在8～10月采集。

（2）方法　选择树干直，生长势强，胸径达20厘米以上的树，于阴天（相对湿度最好为70%～80%）进行环剥。先在离地6～7厘米处，向上取一段30～35厘米的树干，在上下两端用环剥刀绕树干横切、上面的道口略向下，下面的道口略向上，深度以接近形成层为度，然后呈"丁"字形纵割一刀，再纵割将树皮撬起，慢慢剥下。长势好的树，一次可以同时剥2～3段，被剥处用透明塑料薄膜包裹，保护幼嫩的形成层，包裹时上紧下松，要尽量减少薄膜对木质部的接触面积，整个环剥操作过程手指切勿触到形成层，避免形成层可能因此坏死。剥后25～35天，被剥皮部位新皮生长，即可逐渐去掉薄膜。第2年，又可按上法在树干其他部位剥皮。

2. 加工

（1）阴干法　将剥取的树皮置通风干燥处，按皮的大小、厚薄不同分别堆放，经常翻动，大的尽量卷成双筒，小的卷成筒状，然后将两头锯齐，放过三伏天后，一般均可干燥。切忌将皮放于阳光下暴晒或直接堆放在地上。根朴直接阴干，可不必"发汗"。

（2）水烫发汗法　剥下的厚朴皮自然卷成筒状，以大筒套小筒，每3～5筒套在一起，将套筒直立放入开水锅中淋烫至皮变软时取出，用青草塞在两端，竖放在大小桶内或屋角，盖上湿草发汗。待皮内表面及横断面变为紫褐色并出现油润光泽时，取出套筒，分开单张，用竹片或木棍撑开晒干。亦可用甑蒸软，取出卷筒，用稻草捆紧中间，修齐两头，晒干。夜晚可将皮架成"井"字形，易于干燥。

六、药典标准

1. 药材性状

（1）干皮　呈卷筒状或双卷筒状，长30～35厘米，厚0.2～0.7厘米，习称"筒朴"；近根部的干皮一端展开如喇叭口，长13～25厘米，厚0.3～0.8厘米，习称"靴筒朴"。外表面灰棕色或灰褐色，粗糙，有时呈鳞片状，较易剥落，有明显椭圆形皮孔和纵皱纹，刮去粗皮者显黄棕色。内表面紫棕色或深紫褐色，较平滑，具细密纵纹，划之显油痕。质坚硬，不易折断，断面颗粒性，外层灰棕色，内层紫褐色或棕色，有油性，有的可见多数小亮星。气香，味辛辣、微苦。（图2）

5cm

图2　厚朴药材（干皮）

（2）根皮（根朴）　呈单筒状或不规则块片；有的弯曲似鸡肠，习称"鸡肠朴"。质硬，较易折断，断面纤维性。

（3）枝皮（枝朴）　呈单筒状，长10～20厘米，厚0.1～0.2厘米。质脆，易折断，断面纤维性。

2. 鉴别

（1）横切面　木栓层为10余列细胞；有的可见落皮层。皮层外侧有石细胞环带，内侧散有多数油细胞和石细胞群。韧皮部射线宽1～3列细胞；纤维多数个成束；亦有油细胞散在。

（2）粉末特征　棕色。纤维甚多，直径15～32微米，壁甚厚，有的呈波浪形或一边呈锯齿状，木化，孔沟不明显。石细胞类方形、椭圆形、卵圆形或不规则分枝状，直径11～65微米，有时可见层纹。油细胞椭圆形或类圆形，直径50～85微米，含黄棕色油状物。

3. 检查

（1）水分　不得过15.0%。

（2）总灰分　不得过7.0%。

（3）酸不溶性灰分　不得过3.0%。

七、仓储运输

1. 仓储

贮藏时应放置在避风、干燥、阴凉、洁净、卫生、安全的专门仓库或屋室贮藏。温度在10～18℃，厚朴的安全水分为9%～14%。货架与墙的距离不得少于1米，货板离地面的高度不得少于30～50厘米。水分超过15%的厚朴不能入库贮藏，还需进行适当的干燥处理。

库房、贮藏室应由专人管理，经常查看，防潮、防霉变、防高温、防鼠、防虫蛀等，还应防盗、防火。高温、高湿季节前，按垛密封贮藏。

2. 运输

运输时注意运载容器的整洁和透气，严禁与有毒、有害物质，或易燃、易串味的物品混装运载。运输车辆应清洁、干燥、有防雨防潮设备。小心装卸，堆垛牢靠，严禁重压。

八、药材规格等级

根据形状、厚度、长度、断面等厚朴商品分为"筒朴""根朴""蔸朴"3种规格，"筒朴"又分为三个等级。规格等级应符合表1规定。

表1　规格等级划分

规格	等级	性状描述				
		共同点	区别点			
			形状	厚度	长度	断面
筒朴	一等	外表面灰棕色或灰褐色，有纵皱纹，内紫棕色或紫褐色，质坚硬，气香，味苦辛	卷筒状或双卷筒状，两端平齐	≥3.0毫米	≥30厘米	外层黄棕色，内层紫褐色，显油润，颗粒性，纤维少
	二等		卷筒状或双卷筒状，两端平齐	≥2.0毫米	≥30厘米	外层灰棕色或黄棕色，内层紫棕色，显油润，具纤维性
	三等		卷成筒状或不规则块片，及碎片、枝朴	≥1.0毫米	不限	外层灰棕色，内层紫棕色或棕色，纤维性
根朴	统货	外表面棕黄色或灰褐色，气香，味辛辣、微苦	卷筒状，或不规则长条状，屈曲不直，长短不分	不限	不限	略显油润，有时可见发亮的细小结晶
蔸朴	统货		呈卷筒状或双卷筒状，一端膨大，似靴形	上端皮厚2.5毫米以上	13～70厘米	断面紫棕色，显油润，颗粒状，纤维少，有时可见发亮的细小结晶

九、药用食用价值

1. 临床常用

（1）行气燥湿　本品除湿作用较强，更擅下气（降气）除满，为消除胀满之要药。治睑板腺囊肿、睑腺炎反复发作，以及视物模糊，常与苍术配伍。治眼球钝痛、玻璃体混浊属湿热蕴伏者，常与菖蒲、半夏、芦根等配伍。

（2）消积除满　本品下气功著，既可除无形之湿满，又可除有形之实满。用于食积气滞，腹胀便秘。食积、便秘均属于有形实邪于体内，引起的气滞腹胀症状较重。常配伍消食药、泻下药以增强疗效。

（3）梅核气　取其燥湿化痰之功，与半夏、紫苏、茯苓、生姜等同用。

（4）痰饮喘咳　本品能燥湿消痰，下气平喘。若痰饮阻肺，肺气不降，咳喘胸闷者，可与紫苏子、陈皮、半夏等同用。若寒饮化热，胸闷气喘，喉间痰声辘辘，烦躁不安者，与麻黄、石膏、杏仁等同用。若宿有喘病，因外感风寒而发者，可与桂枝、杏仁等同用。

2. 食疗及保健

（1）补益保健茶　代茶频饮，可发汗解暑、宽中行气，健脾化湿。用于夏季感冒发热、头痛胸闷、倦怠、腹痛下痢、吐泻等。①厚朴洋参茶，组方：厚朴15克、西洋参15克、陈皮9克、柴胡9克、石斛9克。具有滋阴功效，能缓解胃虚火或脾阴虚。②厚朴三物汤，组方：厚朴15克、大黄12克、枳实9克。具有温补脾阳，行气通便，适用于脾阳虚弱所致腹部胀满疼痛，大便不通。③香薷饮，组方：香薷10克、厚朴5克、白扁豆6克。

（2）补益食品　厚朴在民间广泛用于膳食原料，常用来煲汤、煮粥等，也常用于特色菜肴的原料，如厚朴薏仁炖猪肚、白术厚朴肉蔻粥、萝卜茯苓厚朴猪肚汤。①猪肚半个、猪瘦肉200克、厚朴15克、薏苡仁20克、红枣4个。薏苡仁先用清水泡2小时，猪肚去筋膜，洗净，切块；厚朴洗净。连同红枣共放入炖盅中，加入适量水，盖上盖，文火炖2小时。随量食用。功能：健脾开胃，补肝益气。用于脾虚胃寒所致的胃脘痛、十二指肠溃疡等。②厚朴、白术各10克、肉豆蔻7克、粳米100克。将白术、厚朴和肉豆蔻加水煮沸15～20分钟，滤渣取汁；粳米淘洗干净，加药液煮粥，武火煮沸后，转文火，煮至米粒软烂即可，随量食用。功能：温中、健脾、燥湿主要用于慢性腹泻。③萝卜、猪肚各100克，香菇30克，茯苓50克，厚朴花5克，紫苏3克。将萝卜、猪肚洗净，切成小块；香菇、茯苓、厚朴花浸泡、洗净，全部放入砂锅内；武火煮沸，文火煮1.5小时，放入紫苏后再煮10分钟，加精盐调味，即可使用。功能：健脾行气，化痰开郁。

（3）功能保健品　以厚朴为配方的保健品在市场很常见。①开胸顺气丸：消积化滞，行气止痛。用于气郁食滞所致的胸胁胀满、胃脘疼痛、嗳气呕恶、食少纳呆；或胃炎、消化不良等见上述证候者。②朴沉化郁丸：疏肝解郁、开胃消食。用于肝气郁滞、肝胃不和所致的胃脘刺痛、胸腹胀满、恶心呕吐、停食停水；胃及十二指肠溃疡、慢性胃炎、慢性肝炎、胆囊炎等见上述证候者。

参考文献

[1] 谢凤勋. 中草药栽培实用技术[M]. 北京：中国农业出版社，2001：290–293.

[2] 宋廷杰，申明亮，等. 药用植物实用种植技术[M]. 北京：金盾出版社，2003：410–415.

[3] 万德光，彭成，赵军宁. 四川道地中药材志（全彩版）[M]. 成都：四川科学技术出版社，2005：433－436.

[4] 石磊，张承程，郭兰萍，等. 关于厚朴药材商品规格等级标准的研究[J]. 中国中药杂志，2015，40（3）：450－454.

[5] 王启才. 药膳食疗治百病[M]. 西安：西安交通大学出版社，2014，01：245.

黄柏

本品为芸香科植物黄皮树*Phellodendron chinense* Schneid.的干燥树皮，习称"川黄柏"。

一、植物特征

树高达15米。成年树有厚、纵裂的木栓层，内皮黄色，小枝粗壮，暗紫红色，无毛。叶轴及叶柄粗壮，通常密被褐锈色或棕色柔毛，小叶纸质，长圆状披针形或卵状椭圆形，顶部短尖至渐尖，基部阔楔形至圆形。两侧通常略不对称，边全缘或浅波浪状，叶背密被长柔毛或至少在叶脉上被毛，叶面中脉有短毛或嫩叶被疏短毛；小叶柄被毛（图1）。花序顶生，花通常密集，花序轴粗壮，密被短柔毛。果多数密集成团，果的顶部略

图1　黄柏植物图

狭窄的椭圆形或近圆球形，蓝黑色（图2）；种子一端微尖，有细网纹。花期5～6月，果期9～11月。

二、资源分布概况

分布于重庆巫溪、城口、秀山，四川都江堰、叙永、古蔺、彭州、大邑，湖北鹤峰、神农架，湖南龙山、安化等地

图2　黄柏果实图

区。滇桂黔石漠化区域的广西资源县及贵州剑河、雷山、榕江、赤水、湄潭、遵义、桐梓、务川、西秀等地适宜种植。

三、生长习性

黄柏喜温和湿润气候，具有较强的耐寒、抗风能力，苗期稍能耐阴，成年树喜光照湿润，不适荫蔽、不耐干旱，常混生于山间河谷及溪流附近或老林及杂木林中。最适生长于土层深厚、湿润疏松的腐殖质砂壤土中，在干旱瘠薄的山谷或黏土层上虽有分布，但生长发育不良，在沼泽地带不宜生长，适宜生长的气候条件为年均气温-1～10℃，年降水量500～1000毫米，最冷月均温-30～-5℃，最热月均温20～28℃。

四、栽培技术

1. 种植材料

多用种子繁殖育苗移栽。选择生长健壮、无病虫害的成年黄柏树结实的种子为宜，种子籽粒饱满、无虫蛀、常温贮藏不超过1年。

2. 选地与整地

（1）选地　造林地宜选择向阳的山坡、山区、平原、房前屋后、溪边沟坎、自留地

等坡度25°以上地方栽植，要求排水良好、腐殖质含量较高的地块，以砂壤土为好，沼泽地、重黏土均不宜栽种；育苗地宜选择地势平坦、排灌方便、肥沃湿润的砂质壤土，低洼积水之处不适宜栽植。

（2）整地　造林地清除土中生长的灌木及杂草，深挖、耙细整平，并清除土中的树根及草根。育苗地深翻20～25厘米，每亩施有机肥2000～3000千克，过磷酸钙25～30千克，耙细整平。开厢作床，床宽1～1.5米，床高18～24厘米，四周开好排水沟。

3. 播种

种子无生理休眠，适宜春季3月上、中旬播种。播种前用水浸泡种子24小时，略为晾干，即可下种。在育苗地里进行，每亩用种约2.5千克。

（1）条播　在整好的畦面上横开浅沟条播，沟距15～20厘米、沟深1.5～1.8厘米、宽18厘米左右，沟内施农家肥作基肥（每亩约1500千克）。每沟播种子80～100粒，均匀撒入沟内。上盖细土和细堆肥，厚约1.5厘米，将沟覆平，稍加镇压，浇水。上盖稻草保湿，利于出苗。在种子发芽将出土前揭去，种后约40～50天出苗。

（2）撒播　开沟整厢，将种子按3∶1比例与沙拌匀，在均匀撒于厢面，在盖土约1.5厘米厚即可。同时盖稻草保湿。

4. 田间管理

（1）间苗与定苗　出苗期经常保持土壤湿润，苗齐后对生长较密的植株进行间苗，及时拔除弱苗和过细苗，第1次间苗时间在苗高7～10厘米时进行，每隔3厘米留苗1株；苗高15～18厘米时定苗，每隔10厘米留苗1株。每次间苗结合中耕除草追肥1次，每次施入农家肥1000～1500千克/亩，或硫酸铵8～10千克。苗高70～100厘米时移到造林地定植。

（2）覆盖遮阳　幼苗喜欢阴凉湿润的环境。因此，在幼苗未达到半木质之前要对其采取遮阳，可采取70%的遮阳网遮阳，以提高幼苗的成活率。

（3）定植　在育苗当年冬季或次年的早春起苗，选80厘米以上的苗进行定植。按2米×2米的株行距挖30厘米深、50厘米宽的窝（每窝施厩肥5～10千克作底肥，并与表土拌匀），将挖取的苗放于窝内，每窝1株，填土一半时，将树苗轻往上提，使根部舒展，再填土至平，逐步将土踩实，浇水，覆一层松土使其略高于地面即可。

（4）灌溉排水　出苗期间经常保持土壤润湿，以利黄柏苗生长，注意高温、干旱的伤害。定植半月内经常浇水，多雨积水时应及时排除。苗木郁闭后，根系入土较深，耐旱能力增强，可不再浇水。

（5）中耕除草　苗期根据土壤板结情况和杂草情况，在苗周围适当中耕除草2～3次。定植当年和发芽后2年内，每年夏秋两季，松土除草2～3次。3～4年后，疏松土层，将杂草翻入土内。第一次除草在4～5月进行。树盘内用人工除草，树盘外用化学除草剂草甘膦。第二次除草在9～10月杂草种子脱落之前进行。

（6）追肥　育苗地除施足底肥外，还应在间苗或耕除草后追肥，每次施农家肥1000千克+尿素5千克。移栽定植后经常浇水，保证成活，定植当年和以后两年，还应结合中耕除草追肥一年2～3次。第一次在4～5月进行，每株用尿素0.05千克，在树30厘米范围内均匀撒施，头年秋季植苗，施肥可提前至3月；第二次施肥7～8月；第三次施肥结合9～10月的除草进行，肥料除尿素外，每株增加过磷酸钙0.2千克，在树30厘米范围内均匀撒施。每年夏秋季中耕除草2～3次，入冬前施1次厩肥，每株沟施10～15千克。第4年后每隔2～3年夏季中耕除草1次，疏松土层适当追施农家肥。

（7）套种与补苗　在移栽后的第1年至第4年间，可套种玉米、豆类等农作物，适时除草松土，并结合施肥及注意检查有无死株，如出现死株现象应及时进行补栽。

（8）整形与修剪　修剪和整形要按其生理和生物的特性进行。成年的黄柏，一般只进行冬季修剪，时间为11月下旬，每年修剪一次。若栽培的主要目的为采皮，应适当修剪侧枝，以促进主干的生长。

（9）间伐　成林后可根据密度，分期间伐，直至最后成为密度适宜的成林。

（10）种子收集　选择生长健壮、无病虫害的成年树作采种母株。10～11月，果实由青绿色变成紫黑色时采收。放在屋角或木桶内，盖上稻草10～15天。果皮果肉腐烂后，取出揉搓脱粒、淘洗，除去果皮果肉。种子阴干或晒干（切勿烘烤），低温储藏（存放不可超过1年）。

5. 病虫害防治

（1）根腐病　育苗时，选择光线强弱适当、凉爽湿润、年平均气温在18～19℃的地区作为苗圃基地，适当使用紫外线杀死土壤中的细菌或抑制部分细菌的生长；在整理苗床时，选择平缓、肥沃、排水好、透气性强的砂壤土，可以保持苗床排水良好、透气性强，防止细菌繁殖；使用生石灰进行土壤消毒，提高pH，使土壤的pH不适宜细菌的生长，播种时每亩用1千克70%的五氯硝基苯进行土壤消毒；多施草木灰等钾肥，以增强苗木的抗病能力；苗圃中发现病苗，立即将其拔掉，并使用石灰对病穴进行消毒，缓解土壤酸碱度，再用50%胂·锌·福美双600倍液全面喷洒病区，防止细菌蔓延。

（2）锈病　在发病初期，喷97%敌锈钠400倍液，0.2～0.3波美度石硫合剂或25%粉锈700～1500倍液，每隔7～10天喷1次，连续喷2～3次。

（3）煤污病　注意排水，及时防治蚜虫、水虱、蚧壳虫等虫害。在发病初期喷1∶0.5∶150～200的波尔多液，每隔10天左右1次，连续2～3次；或以40%乐果1000倍液防治蚜虫和蚧壳虫，或在发病期间喷50%药液，也可喷多菌灵800～1000倍液。冬季要加强幼林抚育管理，适当修枝，改善林地通风透光度，降低林地湿度以减轻或防止发病。

（4）花椒凤蝶　大脚小蜂是花椒凤蝶的天敌，可用于生物防治。在凤蝶蛹上曾发现大脚小蜂和寄生蜂。因此，在人工捕捉幼虫和采蛹时把蛹放入纱笼内，保护天敌。寄生蜂羽化后能飞出笼外，继续寄生，为抑制凤蝶发生，在幼虫幼龄期，可喷90%敌百虫800倍液或50%杀螟硫磷乳剂1000倍液，每7天1次，连喷2～3次；在幼虫三龄后喷每克含菌量100亿的青虫菌300倍液，每隔10～15天1次，连喷2～3次；虫害大量发生时，用苏云金杆菌菌粉500～800倍液喷雾，效果好，且对人畜安全。

（5）地老虎　在倒伏的幼苗周围寻找，人工捕杀；将鲜草切成小段，用50%辛硫磷乳油0.5千克拌成毒饵诱杀，或用90%晶体敌百虫1000倍液拌成毒饵诱杀。

（6）小地老虎　及时铲除田间杂草，消灭卵及低龄幼虫。在高龄幼虫期每天早晨检查，发现新萎蔫的幼苗可扒开表土捕杀幼虫；药剂防治：选用50%辛硫磷乳油800倍液、90%敌百虫晶体600～800倍液、20%速灭杀丁乳油或2.5%溴氰菊酯2000倍液喷雾；或每公顷用50%辛硫磷乳油4000毫升，拌湿润细土10千克做成毒土；或每公顷用90%敌百虫晶体3千克加适量水拌炒香的棉籽饼60千克（或用青草）做成毒饵，于傍晚顺行撒施于幼苗根际。

（7）蚜虫　发病时喷40%乐果乳油1500～2000倍液或80%敌敌畏1500倍液，7～10天1次，连续数次，直到蚜虫被灭完为止。

（8）蛞蝓　发生期用地瓜皮或嫩绿蔬菜诱杀，也可喷1%～3%石灰水进行防治。

（9）牡蛎蚧　可在4月、6月、7月喷16～18倍的松脂合剂或150倍杀扑磷乳剂或20～25倍的机油乳剂。

五、采收加工

（1）采收　栽后10～15年便可剥皮作药用，树龄愈大，产量愈高，质量愈佳。收获最佳时间为4～5月。

操作方法：在晴天进行操作，选择长势旺盛、枝叶繁茂的树进行环剥，先用利刀在树干枝下15厘米处横割一圈，并按商品规格需要向下再横割一圈，在两环切口间垂直向下纵割一刀，切口斜度以45°～60°为宜，深度以不伤及形成层和木质部为宜。然后用竹刀在纵横切口交界处撬起树皮，向两边均匀撕裂，在剥皮的过程中要注意手勿接触剥面，以防病菌感染而影响新皮的形成。如法剥皮，直至离地面15厘米处为止。树皮剥下后，用百万分之十浓度的吲哚乙酸溶液、百万分之十的2,4-D或百万分之十萘乙酸加百万分之十赤霉素溶液喷在创面上，以加速新皮形成的速度，并用塑料薄膜包裹，包裹时应上紧下松，利于雨水排除，并减少薄膜与木质部的接触面积，以后每隔1周松开薄膜透风1次，当剥皮处由乳白色变为浅褐色时，可剥除薄膜，让其正常生长。但再生的树皮质量和产量都不如第一次取得的树皮。

（2）加工　把剥下的树皮截成60厘米长的节，晒至半干，压平，然后将粗皮刨干净，以显黄色为度，不可伤及内皮。也可将树皮剥下后先压平、晾干，再刮去粗皮。此法所得商品较为平坦、整齐，但需时间较多。最后再用竹刷刷去刨下的皮屑。商品以皮厚、断面鲜黄色为佳。

六、药典标准

1. 药材性状

呈板片状或浅槽状，长宽不一，厚1～6毫米。外表面黄褐色或黄棕色，平坦或具纵沟纹，有的可见皮孔痕及残存的灰褐色粗皮；内表面暗黄色或淡棕色，具细密的纵棱纹。体轻，质硬，断面纤维性，呈裂片状分层，深黄色。气微，味极苦，嚼之有黏性。（图3）

5cm

图3　黄柏药材

2. 鉴别

本品粉末鲜黄色。纤维鲜黄色，直径16～38微米，常成束，周围细胞含草酸钙方晶，形成晶纤维；含晶细胞壁木化增厚。石细胞鲜黄色，类圆形或纺锤形，直径35～128微米，有的呈分枝状，枝端锐尖，壁厚，层纹明显；有的可见大型纤维状的石细胞，长可达900微米。草酸钙方晶众多。

3. 检查

（1）水本　不得过12.0%。

（2）总灰分　不得过8.0%。

4. 浸出物

不得少于14.0%。

七、仓储运输

1. 仓储

药材仓储要求符合NY/T 1056—2006《绿色食品 贮藏运输准则》的规定。一般为外裹麻片的压缩打包件，每件40～50公斤。贮存温度30℃以下，相对湿度65%～75%，商品安全水分10%～13%。存放过久，颜色易失，变为浅黄或黄白色。危害的仓虫有家茸天牛等，蛀蚀品周围常见蛀屑及虫粪。储藏前应严格入库质量检查，防止受潮或染霉品掺入；平时保持环境干燥、整洁；定期检查，发现吸潮或初霉品，及时通风晾晒，虫蛀严重时用较大剂量磷化铝（9～12克/立方米）或溴甲烷（50～60克/立方米）熏杀。高温高湿季节前，可密封使其自然降氧或抽氧充氮进行养护。

2. 运输

本品易生霉、变色、虫蛀。采收时，内侧一般未充分干燥，在运输中易感染霉菌，受潮后可见白色或绿色霉斑。运输车辆要求卫生合格，温度在16～20℃，湿度不高于30%，具备防暑防晒、防雨、防潮、防火等设备，符合装卸要求；进行批量运输时应不与其他有毒、有害、易串味物质混装。

八、药材规格等级

根据市场流通情况，将黄柏药材分为"选货"和"统货"两个规格。将选货黄柏根据商品的厚度、形状等指标，分为"一等"和"二等"两个等级。应符合表1要求。

表1　规格等级划分

等级		性状描述			
		共同点	区别点		
			形状	厚度	宽度
选货	一等	本品去粗皮。外表面黄褐色或黄棕色，平坦或具纵沟纹，有的可见皮孔痕及残存的灰褐色粗皮；内表面暗黄色或淡棕色，具细密的纵棱纹。体轻，质硬，断面纤维性，呈裂片状分层，深黄色。气微，味极苦，嚼之有黏性	板片状	≥0.3厘米	≥30厘米
	二等		板片状	0.1～0.3厘米	不限
统货			板片状或浅槽状	≥0.1厘米	不限

九、药用价值

（1）清热燥湿　①用于湿热带下，症见带下色黄黏浊或为脓样，或为黄水，阴痒，灼热，尿短赤，常与芡实、金樱子、苦参、车前子等配用。②用于湿热淋证，症见小便频数短涩，滴沥刺痛，小腹拘急或腰腹痛等，常与车前子、滑石、瞿麦、萹蓄同用。③用于湿热脚气，症见脚膝浮肿，常与苍术、牛膝同用，即三妙散。④用于湿热下痢，症见腹痛下痢脓血，里急后重等，常与白头翁、黄连同用。

（2）泻火解毒　用于湿毒肿疡、湿疹、口疮疔肿、烫伤等，随证配用，内服外敷皆可。

（3）退虚热、制相火　用于阴虚发热、骨蒸盗汗及相火亢盛的遗精证，多配知母同用。

参考文献

[1] 卢松兴，赵润怀，焦连魁，等. T/CACM 1021.54—2018. 中药材商品规格等级黄柏[S]. 中华中医药学会，2019.

[2] 贵州省中药研究所. 贵州中药资源[M]. 北京：中国医药科技出版社，1992：131-136.

[3] 彭成. 中华道地药材[M]. 中册. 北京：中国中医药出版社，2011.

[4] 陈瑛. 实用中药种子技术手册[M]. 北京：人民卫生出版社，1999：298-299.

[5] 黄慧茵. 黄皮树种植地环境及育苗技术研究[D]. 长沙：中南林业科技大学，2009.

[6] 孙鹏，张继福，李立才，等. 黄柏的栽培技术与方法[J]. 人参研究，2013，25（3）：59-61.

[7] 丁万隆. 药用植物病虫害防治彩色图谱[M]. 北京：中国农业出版社，2002.

[8] 曾云瑾. 黄柏及其伪品木蝴蝶树皮的鉴别[J]. 海峡药学，2006，18（5）：110-111.

[9] 蒋锐，陈俊华. 川黄柏伪品水黄柏的生药鉴定[J]. 中药材，1991，14（6）：20-22.

金银花

jin yin hua

本品为忍冬科植物忍冬*Lonicera japonica* Thunb.的干燥花蕾或带初开的花。

一、植物特征

半常绿藤本。叶纸质，卵形至矩圆状卵形，有时卵状披针形，顶端尖或渐尖，基部圆或近心形，有糙缘毛，上面深绿色，下面淡绿色，小枝上部叶通常两面均密被短糙毛，下部叶常平滑无毛带青灰色；叶柄密被短柔毛。总花梗通常单生于小枝上部叶腋，密被短柔毛，并夹杂腺毛；苞片大，叶状，卵形至椭圆形；萼筒无毛；

图1 金银花

花冠白色，唇形；雄蕊和花柱均高出花冠。果实圆形，熟时蓝黑色，有光泽；种子卵圆形或椭圆形，褐色。花期4～6月，果熟期10～11月。（图1）

二、资源分布概况

除黑龙江、内蒙古、宁夏、青海、新疆、海南和西藏外，全国各地均有分布。栽培金银花产区有山东、河南、河北、福建、广东、广西、浙江等省区，其中山东平邑及费县、河南封丘为金银花代表主产区。滇桂黔石漠化区域的马山、隔水、资源、大化、忻城、六枝特区、西秀区、施秉、砚山等地有种植。

三、生长习性

性喜肥沃，阳光充足，温暖湿润，通风良好的环境；适应性强，耐瘠薄，耐旱，耐盐碱，耐热。在自然条件下，常生于山坡灌丛或疏林中、乱石堆、山路旁，喜欢疏松、深厚、较肥沃的砂质壤土。在早春日平均气温上升到5℃时，越冬芽开始萌动；日平均气温上升到15℃时，开始现蕾；日平均气温达到20℃时，花蕾相继开放。最适宜生长温度为20～30℃，气温高于35℃时金银花生长会受到一定的影响，冬季气温下降到–25℃时会遭受严重冻害。

四、栽培技术

1. 种植材料

生产上有有性和无性两种繁殖方式，以无性方式的扦插繁殖为主。扦插繁殖以枝条粗壮、节间短、花蕾大、开花早、含苞期长、产量高、药性好、优良单株上的一年生健壮枝条作为插条。有性繁殖以成熟、饱满的果实作为种植材料。

2. 选地与整地

（1）选地

①育苗地：应选择在排灌方便、透气性强、土壤呈微酸性至中性的砂质土壤地块。②栽培地：应选择土壤深厚疏松、透气保墒性强的向阳山地，或地力中等、土壤呈微酸性至中性土壤的向阳地块。

（2）整地

①育苗地：在育苗前将地深耕，拣出树根、杂草及石砾，耙平打畦。畦宽120～150厘米。耕地时每公顷施入氮肥750～1125千克、磷肥750千克、钾肥225～300千克。施肥与扦插时间应相隔7天以上，以免烧坏插条影响成活率。②栽培地：在种植前将地块整为宽120～150厘米、高20～25厘米、畦间距30厘米左右的畦，地整好后在畦面按株距80～120厘米挖50厘米×50厘米的栽植穴，在栽植7天前每穴施入堆肥5～10千克（腐熟饼肥0.75～1.00千克）。施入的肥料要用土拌匀后施入。

3. 栽种

①扦插育苗：在2～3月扦插育苗。将扦插用的枝条截成长30厘米的插条并捆成小

把，直立于每千克含50毫克的ABT6号生根粉溶液1～2小时。按15～20厘米在整理好的畦上开深20～25厘米的沟，将插条按株距5厘米、呈45°～70°斜放于沟内，覆土至插条2/3处，踩实，浇足水。②移栽：在育苗的次年3～4月移栽，将培育好的优质苗伤残和过长的根剪去，并放于每千克含50毫克的ABT6号生根粉溶液中浸10～15分钟。在前期准备好的每个栽植穴中放上处理过的种苗两株，然后覆土，踩实，浇水，封穴。

4. 田间管理

（1）苗木管理　①除草：苗期要做到有草即除、除草必净，同时避免松动苗木根部，除草结束后及时浇水；②截短：在5～6月时进行第一次截短，使新长的枝条在20～25厘米之间，在8～9月时进行第二次截短，使二次新发的枝条在15～20厘米之间；③水肥管理：在每次截短后及时在阴雨天浇水追肥，每公顷撒施尿素120～150千克，若在阴天施肥需要用水冲洗掉沾在苗木上的化肥，以免烧苗。

（2）移栽管理　①松土除草：移栽成活后，每年要及时除草松土，给根部培土，防止根部露出地面；②追肥：每年春季、秋季要结合除草进行追肥，每墩开环状沟施入有机肥5千克、硫酸铵50克、过磷酸钙150克、氯化钾25克，另外定期施用镁、锰、铜、锌等微肥；③剪枝：移栽后的1～2年内主要培育主干，当主干高30～40厘米时剪去顶芽，第2年春，在主干上部留粗壮主枝4～5个，然后在主枝上长出的一级分枝中保留8～10个枝，剪去顶芽，再在一级分枝上长出的二级分枝中保留10～12个枝，并摘除其中勾状形的嫩芽梢。在每年的春初，适当剪去花过密的部分，夏季及时除去根部发的枝芽，并剪去过密的小枝。

5. 病虫害防治

（1）白粉病　选用抗病品种，合理密植，整形修剪，改善通风条件，增施有机肥，少施氮肥，多施磷钾肥，提高抗病能力；发病初期喷施25%粉锈宁1500倍液或50%托布津1000倍液或75%百菌清可湿性粉剂800～1000倍液进行防治，每7～10天喷施1次，连喷2～3次。

（2）炭疽病　清除枯枝落叶和病枝，集中烧毁，减少越冬病菌；发病时喷施1∶1∶100波尔多液，每7～10天喷施1次，连喷2～3次。

（3）锈病　及时清洁田园，集中处理田间病残枝叶，集中烧毁或深埋，减少越冬病菌；增施有机肥和磷钾肥，增强植株抗病力；发病期喷施25%粉锈宁乳剂1000～1500倍液或65%代森锌500倍液进行防治，每7～10天喷施1次，连喷2～3次。

（4）黑霉病　结合秋冬季修剪，清除病枝、病芽和枯枝落叶并集中烧毁或深埋，以减少病菌来源；发病初期用70%甲基硫菌灵可湿性粉剂800倍液或70%代森锰锌可湿性粉剂800倍液或扑海因1500～2000倍液或退菌特600～800倍液喷雾防治，每7～10天喷施1次，连喷2～3次。

（5）蚜虫　春季将枯枝落叶集中烧毁或埋掉，消灭部分越冬蚜虫；饲养草蛉或七星瓢虫等蚜虫天敌在田间施放，进行生物防治；蚜虫发生时选用40%乐果乳剂1000倍液或10%吡虫啉3000倍液喷施；现蕾后至采花期用烟草0.5千克煮水20千克过滤放凉后喷施或用洗衣粉1千克兑水10千克喷施。

（6）尺蠖　冬季剪枝清墩，将枯枝落叶清理并集中烧毁，破坏害虫越冬环境，减少虫源；发生初期喷施90%晶体敌百虫1000倍液或40%辛硫磷乳油1000～1500倍液进行防治。

五、采收加工

1. 采收

（1）采收期　5月下旬至10月上旬花期内进行采摘。

（2）采摘　在花蕾上部膨大呈白色时，选择晴天上午采摘。采摘时应从外向内、自下而上地进行采摘，只采摘呈白色的花蕾，并用条编或竹编的框盛装采下的花蕾。

2. 加工

采回后用烘干的方法进行干燥。将鲜花装入透气的框中并置于烘房内，先用30～35℃烘2小时，然后将温度升至40℃左右并继续烘5～10小时，再将温度提高到45～50℃维持10小时，最后将温度升至55～58℃，最高不超过60℃，烘干总时间为24小时。干燥的标准为：捏之有声，碾之即碎。

六、药典标准

1. 药材性状

呈棒状，上粗下细，略弯曲，长2～3厘米，上部直径约3毫米，下部直径约1.5毫米，表面黄白色或绿白色（贮久色渐深），密被短柔毛。偶见叶状苞片。花萼绿色，先端5裂，裂片有毛，长约2毫米。开放者花冠筒状，先端二唇形；雄蕊5，附于筒壁，黄色；雌蕊

1，子房无毛。气清香，味淡、微苦。（图2）

2. 鉴别

本品粉末浅黄棕色或黄绿色。腺毛较多，头部倒圆锥形、类圆形或略扁圆形，4～33细胞，排成2～4层，直径30～64～108微米，柄部1～5细胞，长可达700微米。非腺毛有两种：一种为厚壁非腺毛，单细胞，长可达900微米，表面有微细疣状或泡状突起，有的具螺纹；另一种为薄壁非腺毛，单细胞，甚长，弯曲或皱缩，表面有微细疣状突起。草酸钙簇晶直径6～45微米。花粉粒类圆形或三角形，表面具细密短刺及细颗粒状雕纹，具3孔沟。

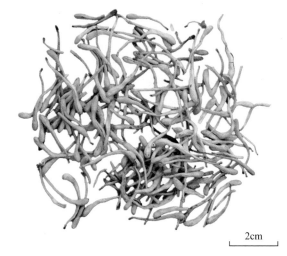

2cm

图2　金银花药材

3. 检查

（1）水分　不得过12.0%。

（2）总灰分　不得过10.0%。

（3）酸不溶性灰分　不得过3.0%。

（4）重金属及有害元素铅、镉、砷、汞、铜　铅不得过5毫克/千克；镉不得过1毫克/千克；砷不得过2毫克/千克；汞不得过0.2毫克/千克；铜不得过20毫克/千克。

七、仓储运输

1. 仓储

药材仓储要求符合NY/T 1056—2006《绿色食品 贮藏运输准则》的规定。仓库应具有防虫、防鼠、防鸟的功能；要定期清理、消毒和通风换气，保持洁净卫生；不应与非绿色食品混放；不应和有毒、有害、有异味、易污染物品同库存放；储存温度应低于30℃，相对湿度应低于70%；在储存期间如果发现已吸潮生霉的，应及时进行干燥处理；或吸潮养护，包装如有破损应立即修补完整。存放一年以上就会变色。因此，要做到先进先出的原则。

2. 运输

运输车辆的卫生合格，温度在16～20℃，湿度不高于30%，具备防暑防晒、防雨、防潮、防火等设备，符合装卸要求；进行批量运输时应不与其他有毒、有害、易串味物质混装。

八、药材规格等级

根据加工方式，将金银花药材分为"晒货"和"烘货"两个规格；在规格项下，根据开花率、枝叶率和黑头黑条率进行等级划分。应符合表1要求。

表1 规格等级划分

规格	等级	性状	颜色	开放花率	枝叶率	黑头黑条率	其他
晒货	一等	花蕾肥壮饱满、匀整	黄白色	0%	0%	0%	无破损
	二等	花蕾饱满、较匀整	浅黄色	≤1%	≤1%	≤1%	
	三等	欠匀整	色泽不分	≤2%	≤1.5%	≤1.5%	
烘货	一等	花蕾肥壮饱满、匀整	青绿色	0%	0%	0%	无破损
	二等	花蕾饱满、较匀整	绿白色	≤1%	≤1%	≤1%	
	三等	欠匀整	色泽不分	≤2%	≤1.5%	≤1.5%	

注：1. 目前市场上的金银花以栽培品为主，产地来源不明，地域称谓通常无法反映真实情况，因此本部分的制定未以产地进行划分。

2. 各产地的加工方式已充分交流，故改分为"晒货""烘货"两个规格。烘干者多为青绿色、绿白色等；晒干者多为白色、浅黄白色等。

九、药用食用价值

1. 临床常用

（1）疮痈疔肿 本品辛散苦泄，有清热解毒、消散痈肿作用。治疮痈初起，红肿热痛，常与清热解毒、活血散结之天花粉、当归、穿山甲等同用；若疔疮，坚硬根深，多与清热解毒之紫花地丁、野菊花、蒲公英等同用；治肠痈腹痛，常与清热消痈、活血止痛之败酱草、大黄、红藤等同用；治肺痈咳吐脓血，常与清泄肺热、消痈排脓之鱼腥草、桔梗等同用。

（2）风热表证，温热病　本品气味芳香，具轻宣疏散之性，既善清肺经之邪以疏风透热，又能泄心胃之热以清解热毒。治风热表证或温病初起，常与连翘相须为用，并配伍发散风热之薄荷、牛蒡子等同用；治气分热盛，常与清热泻火之石膏、知母等同用；若热入营血，高热神昏，斑疹吐衄者常与清热凉血之生地黄、玄参等同用。

（3）咽喉疼痛，热毒痢疾　本品清热解毒之力较强，又有利咽、凉血止痢之效。治咽喉肿痛，不论热毒内盛或风热外袭者，均为适用。前者常与解毒利咽药射干、山豆根等同用；后者常与散风热、利咽喉药薄荷、牛蒡子等同用。治热毒痢疾，大便脓血者，可单用本品浓煎频服，或配伍清热燥湿药白头翁、秦皮等以增强作用。

（4）暑热烦渴　本品经蒸馏制成金银花露，有清解暑热作用，用于暑热烦渴，以及小儿热疖、痱子等病症，治暑热烦渴，常与清暑热药荷叶、西瓜翠衣、扁豆花等配伍使用。

2. 食疗及保健

（1）辛凉食疗品　金银花在民间可用作一些食疗原料，常用来治疗风热感冒、风热咳嗽等。如金银花粥、金银花冲鸡蛋。①金银花粥：金银花20克、粳米100克；做法：将金银花加水煎汁去渣，另将粳米加水煮至半熟，兑入金银花汁，继续煮烂成粥便可食用；功能：清热解毒。适宜风热感冒、慢性支气管炎、菌痢及肠道感染等患者服用。②金银花冲鸡蛋：鸡蛋1个、金银花15克、水200毫升；做法：把鸡蛋打入碗内，另将金银花加水煮沸5分钟，取其汁冲鸡蛋，趁热1次服完。功能：疏散风热、止咳。适宜风热感冒、风热咳嗽患者服用。

（2）功能保健品　以金银花为配方的保健品在市场上有很多。例如金银花含片、金银花糖，具有清咽的保健功能，适用于咽部不适的者；归金五椹胶囊，具有增强免疫力的保健功能，适用于免疫力低下者；金银花珍珠胶囊，具有祛痤疮的保健功能，适用于有痤疮者。

参考文献

[1]　周洁，王晓，付晓，等. T/CACM 1021.10—2018. 中药材商品规格等级金银花[S]. 中华中医药学

会，2018.

[2] 黄秋兰，吴林峰，廖云和. 金银花习性及生长气象条件研究[J]. 内江科技，2012（9）：73-74.

[3] 文庆，舒毕琼，丁野，等. 金银花与山银花的资源分布和种植技术发展概况[J]. 中国药业，2018，27（2）：1-5.

[4] 彭素琴，谢双喜. 金银花的生物学特性及栽培技术[J]. 贵州农业科学，2003，31（5）：27-29.

[5] 时国超，李纪华，武琳，等. 金银花扦插育苗丰产栽培技术[J]. 现代农业科技，2010（11）：131，137.

[6] 王玲娜，张永清. 金银花种植概况及存在问题[J]. 科技与创新，2017（13）：70-72.

[7] 张国杰. 金银花的采收与加工[J]. 现代农村科技，2005（4）：8.

[8] 李桂兰，刘洁，毕胜. 山东金银花的采收加工与贮存养护[J]. 时珍国医国药，2006，17（1）：124-125.

[9] 李永升，赵化玉，李华斌. 金银花的优质丰产栽培技术[J]. 时珍国医国药，2005，16（10）：1021.

[10] 易思荣，申明亮，黄娅，等. 中药材金银花常见病虫害综合防治技术[J]. 亚太传统医药，2011，7（7）：23-25.

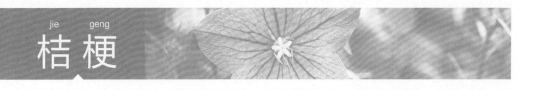

jie geng

桔 梗

本品为桔梗科植物桔梗*Platycodon grandiflorum*（Jacq.）A. DC.的干燥根。

一、植物特性

多年生草本植物，通常无毛，偶密被短毛，不分枝，极少上部分枝（图1）。叶全部轮生，部分轮生至全部互生，叶片卵形，卵状椭圆形至披针形，基部宽楔形至圆钝形，顶端急尖，上面无毛而绿色，下面常无毛而有白粉，有时脉上有短毛或瘤突状毛，边缘具细锯齿。花单朵顶生，或数朵集成假总状花序，或有花序分枝而集成圆锥花序；花萼筒部半圆球状或圆球状倒锥形，被白粉，裂片三角形，或狭三角形，有时齿状；花冠大，蓝色或紫色（图2）。蒴果球状，或球状倒圆锥形，或倒卵状。花期7~9月，果期8~10月。

图1　桔梗植物

图2　桔梗花

二、资源分布概况

全国广泛分布，以东北三省和内蒙古为主。栽培主产于河北、河南、山东、安徽、湖北、江苏、浙江、四川等地。滇桂黔石漠化区域的六枝特区、普定县等地有种植。

三、生长习性

喜凉爽湿润，耐寒，怕风害，忌积水。能在–21℃的低温下生长，最适宜生长温度为20～25℃。在疏松肥沃的夹沙土或腐殖质泥沙中生长良好，以微酸型土壤为宜，重黏土、盐碱土等不宜栽培。野生多见于向阳山坡及草丛中，能在田间越冬。

四、栽培技术

1. 种植材料

生产上以有性繁殖为主。选择籽粒饱满有光泽、无虫蛀、常温贮藏不超过1年的种子为种植材料。

2. 选地与整地

（1）选地　选向阳、背风的缓坡地或平地，以土层深厚、肥沃、疏松、富含腐殖质、地下水位低、排灌方便的砂质土壤作种植地。前茬作物以豆科、禾本科作物为宜，黏性土壤、低洼盐碱地不宜。

（2）整地　种植前一年冬天，深耕25～40厘米，除杂物。种植当年，每亩施农家肥3500千克，复混肥50千克。做畦时每亩用辛硫磷粉1.5千克，拌细土15千克撒入土中，整细耙平，做成宽1.2～1.5米，高15～20厘米的畦，沟为30～40厘米。

3. 播种

（1）种子处理　用0.3%高锰酸钾溶液浸种8～10小时，可提高发芽率。秋播、夏播及春播均可，以秋播为好。

（2）条播　畦面上按行距20～25厘米开条沟，深4～5厘米，播幅10厘米，用2～3倍的细土或细砂拌匀播种，播后覆土2厘米。直播用种量：750～1000克/亩。

4. 田间管理（图3）

（1）间苗、补苗　出苗前要保持土壤湿润，苗高2厘米时适当疏苗，苗高3～4厘米时定苗，每隔10厘米左右留壮苗1株。间苗和补苗可同时进行，带土补苗易于成活。

（2）中耕除草　幼苗期宜勤除草松土，可人工拔除杂草，每次间苗应结合除草1次。定植后适时除草、松土。中耕宜在土壤干湿度适中时进行。

图3　桔梗种植

（3）施肥　苗期追施稀农家肥1～2次，促进幼苗生长。6月下旬和7月视植株生长情况适时追肥，以农家肥为主，配施少量磷肥和尿素。入冬后要重施越冬肥，结合施肥进行培土。翌年春，株高1厘米左右时，适当控制氮肥用量，配合追施磷钾肥。天旱浇水，雨季排水。

（4）打顶、除花　苗高15厘米左右时，留种植株进行打顶，其余植株一律除花。

（5）排水　夏季高温多雨时，及时做好疏沟排水，防止积水烂根，造成减产。

5. 病虫害防治

（1）根腐病　注意轮作，作高畦及时排除积水；整地时多施基肥，改良土壤，增强植株抗病力，每亩施石灰粉50～100千克，可减轻危害，或每亩用5千克多菌灵进行土壤消毒，发病时可用50%托布津1000倍液浇注防治；及时拔除病株。

（2）紫纹羽病　注意轮作，做高畦及时排除积水；整地时多施基肥，改良土壤，增强植株抗病力，每亩施石灰粉50～100千克，可减轻危害，或每亩用5千克多菌灵进行土壤消毒，发病时可用50%托布津1000倍液浇注防治；及时拔除病株。

（3）炭疽病　幼苗出土前用70%的胂·锌·福美双可湿性粉剂500倍液预防，发病初期喷1∶1∶100波尔多液，每亩用65%代森锌500倍液喷雾。轮纹病及斑枯病，危害叶片，发病初期喷1∶1∶100波尔多液或50%的胂·锌·福美双1000倍液。

（4）蚜虫　清除田间杂草，减少越冬虫口密度；喷洒50%敌敌畏1000～1500倍液或40%乐果1500～2000倍液。

五、采收加工

1. 采收

（1）采收时间　一般种植两年以上采收，采收期可在9月底到10月中旬或次年春桔梗萌芽前进行。以秋季采者体重质实，质量较好。一般在地上茎叶枯萎时采挖，过早采挖根部尚未充实，折干率低，影响产量；收获过迟不易剥皮。

（2）采收方法　采收时可用铁锹、铁叉收获，也可以用犁收获；注意不要伤根，面积大可以使用根茎起收机，速度快，降低成本。

2. 加工

鲜根挖出后，去净泥土、芦头，趁鲜刮净栓皮，洗净，及时晒干或烘干。亦可用沙埋起来，防止外皮干燥收缩，这样容易去皮。

六、药典标准

1. 药材性状

呈圆柱形或略呈纺锤形，下部渐细，有的有分枝，略扭曲，长7～20厘米，直径0.7～2厘米。表面淡黄白色至黄色，不去外皮者表面黄棕色至灰棕色，具纵扭皱沟，并有横长的皮孔样斑痕及支根痕，上部有横纹。有的顶端有较短的根茎或不明显，其上有数个半月形茎痕。质脆，断面不平

5cm

图4　桔梗药材

坦，形成层环棕色，皮部黄白色，有裂隙，木部淡黄色。气微，味微甜后苦。（图4）

2. 鉴别

木栓细胞有时残存，不去外皮者有木栓层，细胞中含草酸钙小棱晶。栓内层窄。韧皮部乳管群散在，乳管壁略厚，内含微细颗粒状黄棕色物。形成层成环。木质部导管单个散在或数个相聚，呈放射状排列。薄壁细胞含菊糖。

3. 检查

（1）水分　不得过15.0%。

（2）总灰分　不得过6.0%。

4. 浸出物

不得少于17.0%。

七、仓储运输

1. 仓储

置通风干燥处，防蛀。药材仓储要求符合NY/T 1056—2006《绿色食品 贮藏运输准则》的规定。仓库应具有防虫、防鼠、防鸟的功能；要定期清理、消毒和通风换气，保持

洁净卫生；不应与非绿色食品混放；不应和有毒、有害、有异味、易污染物品同库存放；在保管期间如果水分超过15%、包装袋打开、没有及时封口、包装物破碎等，导致吸收空气中的水分，发生返潮、结块、褐变、生虫等现象，必须采取相应的措施。

2. 运输

运输车辆的卫生合格，温度在16～20℃，湿度不高于30%，具备防暑防晒、防雨、防潮、防火等设备，符合装卸要求；进行批量运输时应不与其他有毒、有害、易串味物质混装。

八、药材规格等级

根据市场流通情况，按加工方法不同，将桔梗药材分为"去皮桔梗""带皮桔梗"两个规格；在规格项下，根据是否进行等级划分，分成"选货"和"统货"两个等级。应符合表1表要求。

表1　规格等级划分

规格	等级	性状描述	
		共同点	区别点
去皮桔梗	选货	呈圆柱形或略呈纺锤形。除去须根，趁鲜剥去外皮。表面淡黄白色至黄色，具纵扭皱沟，并有横长的皮孔样斑痕及支根痕，上部有横纹。质脆，断面不平坦，形成层黄棕色，皮部黄白色，木部淡黄色。气微，味微甜后苦。	芦下直径1.0～2.0厘米，长12～20厘米。质充实，少有断节
	统货		芦下直径≥0.7厘米，长度≥7厘米
带皮桔梗	选货	呈圆柱形或略呈纺锤形。除去须根，不去外皮。表面黄棕色至灰棕色，具纵扭皱沟，并有横长的皮孔样斑痕及支根痕，上部有横纹。质脆，断面不平坦，形成层黄棕色，皮部黄白色，木部淡黄色。气微，味微甜后苦。	芦下直径1.0～2.0厘米，长12～20厘米。质充实，少有断节
	统货		芦下直径≥0.7厘米，长度≥7厘米

注：1. 桔梗规格原来根据产地有南桔梗与北桔梗之分，而目前市场上已经淡化桔梗南北之分的概念。

2. 目前市场上偶见硫熏后的桔梗，主要是为了便于晒干、防止走油、发霉、增加白度，但不符合《中国药典》规定，应注意拒绝使用。

九、药用价值

1. 咳嗽痰多、胸闷不畅

本品辛散苦泄，功善宣开肺气，祛痰宽胸，且性平不燥，故咳嗽痰多，无论外感内伤，属寒属热皆可应用。用于风寒咳嗽，痰白清稀，常配紫苏、杏仁、陈皮等同用，如《温病条辨》杏苏散，或与百部、紫菀、白前等配伍，如《医学心悟》止咳散；用于风热咳嗽，痰黄而稠，多与桑叶、菊花、杏仁等配伍，如《温病条辨》桑菊饮；若痰热壅肺，咳喘胸闷，可与半夏、栀子、枳壳等配伍；用于肺失宣降，气滞痰阻，胸闷痞满，又常于枳壳配伍，如《类证活人书》桔梗枳壳汤。

2. 肺痈吐脓

本品性散上行，能利肺气以排壅肺之脓痰。治肺痈咳嗽胸痛。咯痰腥臭者，可配甘草用之，如《金匮要略》桔梗汤；临床上可再配鱼腥草、冬瓜仁等以加强清肺排脓之效。

3. 咽喉肿痛、失音

本品能宣肺泄邪以利咽开音。凡外邪犯肺，咽痛失音者，常配甘草、牛蒡子等用，如《金匮要略》桔梗汤及《医学心悟》加味甘桔汤。治咽喉肿痛，热毒盛者，可配射干、马勃、板蓝根等以清热解毒利咽。此外，本品可用于胸中大气下陷，气短不足以吸，可与羌活、枳壳、陈仓米等配伍用于大肠气滞，下痢后重。

参考文献

[1] 管仁伟，黄璐琦，郭兰萍，等. T/CACM 1021.116—2018. 中药材商品规格等级桔梗[S]. 中华中医药学会，2018.

[2] 《中华本草》编委员会. 中华本草[M]. 第二十四卷. 上海：上海科学技术出版社，1999：705–710.

[3] 张淑华. 试论桔梗人工栽培技术[J]. 农技服务，2016，33（3）：69.

[4] 陈优芬. 桔梗及其伪品的鉴别[J]. 中国药业，2010，19（10）：74.

[5] 韩灵国，姬生国. 桔梗与常见伪品的鉴别[J]. 时珍国医国药，2005，16（9）：2.

[6] 黄桂华. 桔梗伪品长柱沙参根的生药鉴别[J]. 中药材，1995，18（2）：69–70.

[7] 刘塔斯，刘斌，林美丽，等. 常用中药商品鉴定[M]. 北京：化学工业出版社，2005：109–110.

[8] 彭成. 中华道地药材[M]. 北京：中国中医药出版社，2011：2129–2145.

long dan
龙 胆

本品为龙胆科植物条叶龙胆*Gentiana manshurica* Kitag.、龙胆*Gentiana scabra* Bunge、三花龙胆*Gentiana triflora* Pall.或坚龙胆*Gentiana rigescens* Franch. ex Hemsl.的干燥根和根茎，前三种习称"龙胆"，后一种习称"坚龙胆"或"南龙胆"。

一、植物特征（图1）

1. 条叶龙胆

根茎平卧或直立，具多数粗壮、略肉质的须根。花枝单生，黄绿色或带紫红色。茎下部叶膜质；淡紫红色，上部分离，中部以下连合成鞘状抱茎；中、上部叶近革质，线状披针形至线形，先端急尖或近急尖，基部钝，边缘微外卷，平滑，上面具极细乳突，下面光滑，中脉明显。花无梗或具短梗；苞片线状披针形，与花萼近等长；花萼筒钟状，中脉在背面突起，弯缺截形；花冠蓝紫色或紫色，筒状钟形，裂片卵状三角形，先端渐尖，全缘；雄蕊着生于冠筒下部；子房狭椭圆形或椭圆状披针形。蒴果内藏，宽椭圆形，两端钝；种子褐色，有光泽。花果期8～11月。

图1 龙胆植物图

2. 龙胆

茎平卧或直立，具多数粗壮、略肉质的须根。花枝单生，直立，黄绿色或紫红色。茎下部叶膜质，淡紫红色，鳞片形，先端分离，中部以下连合成筒状抱茎；中、上部叶近革质，无柄，卵形或卵状披针形至线状披针形。花多数，簇生；苞片披针形或线状披针形，与花萼近等长；花萼筒倒锥状筒形或宽筒形；花冠蓝紫色，有时喉部具多数黄绿色斑点，筒状钟形，裂片卵形或卵圆形，先端有尾尖，全缘，褶偏斜，狭三角形；雄蕊着生冠筒中部，整齐，花丝钻形；子房狭椭圆形或披针形。蒴果内藏，宽椭圆形；种子褐色，有光泽，线形或纺锤形。花果期5～11月。

3. 三花龙胆

根茎平卧或直立，具多数粗壮、略肉质的须根。花枝单生，直立，下部黄绿色，上部紫红色。茎下部叶膜质，淡紫红色，鳞片形；中上部叶近革质，线状披针形至线形。花多数，簇生；无花梗；苞片披针形，与花萼近等长；花萼外面紫红色，萼筒钟形；花冠蓝紫色，钟形，先端钝圆，全缘，褶偏斜，宽三角形；雄蕊着生于冠筒中部，整齐，花丝钻形；子房狭椭圆形，花柱短。蒴果内藏，宽椭圆形，两端钝；种子褐色，有光泽，线形或纺锤形。花果期8～9月。

4. 坚龙胆

主茎粗壮，发达，常带紫棕色。叶对生；上面深绿色，下面黄绿色；革质，主脉三出，在下表面突起；叶柄边缘具乳突。花枝丛生，直立坚硬，基部木质化；紫色或黄绿色，中空，近圆形，幼时具乳突。花簇生枝端呈头状，稀腋生；无花梗；花萼倒锥形，萼筒膜质；花冠蓝紫色或蓝色，冠檐具多数深蓝色斑点，漏斗形或钟形，裂片先端尾尖，褶偏斜；雄蕊生于冠筒下部，花丝线状钻形；子房线状披针形至线形，裂片外卷。蒴果内藏，椭圆形或椭圆状披针形，先端急尖或钝，基部钝；种子黄褐色，有光泽，矩圆形。花果期8～12月。

二、资源分布概况

条叶龙胆分布于内蒙古、黑龙江、吉林、辽宁、河南、湖北、湖南、江西、安徽、江苏等省区；三花龙胆主要分布于内蒙古、黑龙江、辽宁、吉林、河北；龙胆分布于内蒙古、黑龙江、吉林、辽宁、贵州、陕西、湖北、湖南、安徽、江苏等省区；坚龙胆主要分布于云南、贵州、四川、湖南、广西。其中滇桂黔石漠化区域栽培主要为坚龙胆，其种植区域有云南省临沧云县、永德县、临湘市、红河县及周边地区，以及贵州六枝、水城、安龙、水城、盘县、纳雍等县。此技术为坚龙胆种植及加工技术。

三、生长习性

坚龙胆喜阳光充足、冷凉气候，耐寒冷，忌夏季高温多雨，忌干旱。适宜生长温度为20～25℃。对土壤要求不严格，但土层深厚疏松，保水力好的腐殖土或砂壤土较适宜。喜微酸性土壤。

坚龙胆一年生幼苗多为基生叶，植株高约3～6厘米，叶4～7对；根多为直根系、肉质。二年生株高10～20厘米，多数开花，但结实数量较少。多年生植株在根茎处着生数条新根，须根状，呈水平分布，长约12～20厘米。花期8～9月，虫媒花，从花开始开放到凋谢约8天。10月下旬芽开始进入休眠期，第二年4月中旬开始返青。授粉的雌蕊在关闭的花冠内生长，蒴果变为紫色，种子进入腊熟期。

四、栽培技术

1. 种植材料

繁殖以种子直播为主，也可采用育苗移栽、分根、扦插的方法，但均以种子繁殖为基础。

（1）种子　选择植株高大、茎秆粗壮、生长健壮、无病虫害的三年及三年生以上的植株留种。

（2）种苗　选健壮、无病、无损伤的当年生种苗，按植株大小分别移植。

（3）根茎　取三年生及三年生以上植株，待形成越冬芽后，选生长健壮、无病虫害植株的根茎，进行分根移栽。

（4）茎　取二年生及二年生以上植株，选取生长健壮、茎秆粗壮、无病虫害植株的地上茎，进行扦插。

2. 选地与整地

（1）选地　栽培地点多选荒坡。对土壤要求不严格，以土层深厚、疏松肥沃、富含腐殖质、微酸性（pH5.5～6.5）的壤土、砂壤土为佳，平地、坡地均可，附近需有水源及排水沟，做到旱能浇，涝能排。育苗地选择平坦、背风向阳、湿润、富含腐殖质的壤土或砂壤土。前茬植物以豆茬、玉米茬为佳。

（2）整地　于晚秋或早春，深翻土地30～40厘米，打碎土块，清除杂物，每亩施入充分腐熟的农家肥2000～3000千克，尽量不用化肥及人粪尿。每平方米土壤用8克50%的多菌灵处理，耙平作畦。畦面宽1～1.2米，高15～25厘米，作业道宽30～40厘米，畦面要求平整细致，无杂物。

3. 播种

（1）种子直播　①种子处理：种子使用量按每亩200克计算，取种子量8～10倍的干细沙，与种子混匀，置于5℃以下低温冷藏约1个月，打破种子休眠。②催芽：播种前5～10天，用每升含200毫克赤霉素的溶液，自然光照下浸泡种子24小时，取出，用清水冲洗几次；与种子量3～5倍的湿细沙混拌均匀，装入小木箱内，覆盖湿纱布，置于自然光照下，进行催芽，温度稳定在22～25℃，种子表面露出白色胚根时即可播种（约5～7天）。或者播种前15天，将新鲜种子用清水浸泡24小时，使种子充分吸水膨胀，于湿度在60%～70%的条件下沙藏，2周后播种。③播种：应做到"浇透水、浅盖土、高覆盖"。播种期为4月中上旬。播种前将畦面刮平、拍实，浇透水。将催芽后的种子拌入种子量10～20倍的过筛细沙，均匀撒在畦面上，覆盖1～2毫米厚的细锯末或腐殖土，再用松叶、稻草、秸秆等覆盖保湿，少量浇水。

在荒坡地播种，一般与狗尾草套作，整地后。于秋季撒播狗尾草种子，一般每亩需狗尾草籽约2千克。待第二年，狗尾草高度10～20厘米时，直接撒播坚龙胆种子。

（2）育苗移栽　①育苗：按种子直播的方法进行育苗，整个育苗期约5个月。②移栽：春季及秋季均可移栽，以当年生苗秋栽为好。9～10月，幼苗长出4～5对真叶，即可按植株大小分别移植。沿畦面横向开沟挖穴，行距15～20厘米，株距10厘米，深度因苗而定，将苗摆入沟内，倾斜45°角。每穴栽苗1～2株，覆土，厚度以盖过芽苞2～3厘米为宜。栽后浇透水，盖上1～2厘米厚的松叶、稻草、秸秆等保湿。一般1000平方米投苗8万～9万株。

（3）分根繁殖　待植株形成越冬芽后，结合采收，选植株高大、生长健壮、无病虫害植株的根茎，按每段带有5～6条支根进行切段，一株可切为3节以上，埋入土中，进行分根移栽。

（4）扦插繁殖　6～7月，剪取茎秆粗壮、生长健壮、无病虫害植株的二年生以上的植株地上茎，每3～4茎节为一个插条，约6厘米，除去下部叶片。壤土与细沙1：1混匀，作插床基质，ABT生根粉处理后扦插，深度3～4厘米。每日浇水2～3次，保持床上湿润，搭棚遮阴，待根系全部形成之后移栽。

4. 田间管理

（1）苗期管理　①遮阴：出苗前用遮阳网搭成棚进行遮阴。出苗后，逐渐撤去遮阴物，保持50%光照即可。8月上旬后，逐次除去畦面上的覆盖物，增加光照，促进生长。②排灌水：种子萌发至第1对真叶长出之前，土壤湿度应控制在70%以上，第2对真叶长出之前，土壤湿度控制在60%左右。浇水宜在晴天早晚进行，次数依据床面湿度而定。③中耕除草：苗出全之后，勤除杂草，整个苗期除草4～5次。④合理施肥：6～7月为生长旺季，根据生长情况适当施肥，当苗长到3对真叶时，可叶面喷施0.05%尿素，间隔15天后，再用0.05%的磷酸二氢钾溶液进行第二次喷施。

（2）移栽田间管理　适时松土、除草、追肥、摘除花蕾，以促进根生长。①套作：可在作业道旁适当种植少量玉米或茶树，以遮强光。②合理施肥：7月中旬，在行间开沟追施尿素，每亩25千克左右。越冬前清除畦面上残留的茎叶，并在畦面上覆盖腐熟的圈粪，约2厘米厚，防冻保墒。③摘除花蕾：为促进块茎的生长，除留种外，应及时摘除花蕾。采种田，保留花蕾，并喷每升含100毫升赤霉素的溶液1次，增加结实率，促进种子成熟、籽粒饱满。

（3）荒坡地的管理　与狗尾草套作的荒坡地，较少对整个生产过程进行人工干预，一般不使用农药、化肥，也不浇灌水。当年生幼苗生命脆弱，植株矮小，狗尾草在一定程度上起到遮阴的作用，剪短狗尾草，保持其高度约15厘米，使其不会过度遮阴影响幼苗生长，能保持土壤水分，且剪下的狗尾草腐熟后是很好的有机肥，提高土壤肥力。待生长两年后，地上部分逐渐发达，植株高度超过狗尾草，竞争优势进一步明显，最终成为荒坡地上的主要物种。

5. 病虫害防治

（1）锈病　用0.005倍种子重量的25%粉锈灵、50%多菌灵、75%卫福或0.2倍种子重量的萎锈灵乳油拌种。发病初期，可用25%三唑酮、50%福美胂、75%萎锈灵、50%胂·锌·福美双、10%世高水分散颗粒剂、30%特富灵可湿粉3000倍液等喷雾病株；发现病株，立即拔除烧毁，并用石灰消毒。

（2）炭疽病及其他叶斑病　用0.005倍种子重量的50%多菌灵、60%炭疽福美可湿性粉剂等杀菌剂处理种子。发病初期，用50%三福美、75%百菌清、80%炭疽福美可湿性粉剂

800倍液、40%福星3000倍液、10%世高水分散颗粒剂、30%特富灵可湿粉1000倍液等喷雾病株；拔除病株烧毁并用石灰消毒。

（3）线虫病　收获后，每亩施用80千克石灰氮，加盖稻草，用地膜覆盖10天以上，确保土壤高温高湿环境，有效杀死线虫幼虫，再行播种。初春，播种线虫较为敏感的植物，如芜菁，为线虫创造良好的寄生环境，待到2～3个月后，将作物连根拔除，带走线虫，可有效减少线虫病的危害。

（4）花器吸浆虫　开花末期，用内吸性杀虫剂吡虫啉2000倍液喷施花部。

五、采收加工

1. 采收

生长3～4年，或移栽2～3年后，即可采收。春季、秋季均可采收，以秋季为好，龙胆苦苷含量及折干率较高。采收时根据植株地上枯萎位置判断根所在位置，用铁锹等农用工具从畦两侧向内挖，尽量挖全根，深度约30～40厘米，小心清理出根，剥除泥土，注意保持根系完整，避免根部损伤。收集后装入清洁竹筐内或透气编织袋中。

2. 加工

及时将鲜根摊开分选，除净地上部分、杂草，清除感染病虫害，或有损伤的根和根茎。用剪刀等工具去除地上部分，留芦头0.5～2厘米。自然阴干，或半遮光条件下晾干，有条件的可在干燥室中干燥，温度以18～25℃为宜，忌暴晒。待五六成干时，用手揉搓，除去表皮及残留泥土，抖去毛须，将根条整理顺直，数个根条合在一起捆成小把，把的大小以40～60克为宜，再继续干燥。

六、药典标准

1. 药材性状

根茎极短，结节状，茎呈不规则的块状，根细长，略呈圆柱状，长1～3厘米，直径0.1～1厘米。表面灰棕色或深棕色，上端有茎痕或残留茎基，周围和下端着生数条细长的根。根圆柱形，略扭曲，长10～20厘米，直径0.2～0.5厘米；表面黄色或黄棕色，上部密布显著的横皱纹，下部较细，具纵皱纹及支根痕。质脆，易折断，断面略平坦，皮部黄色

或黄棕色，木部色较浅，呈点状环列。气微，味甚苦。（图2）

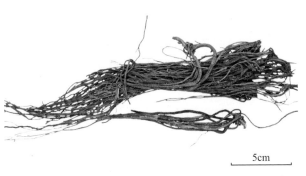

5cm

图2　龙胆药材

2. 鉴别

（1）横切面　内皮层以外组织多已脱落。木质部导管发达，均匀密布。无髓部。

（2）粉末特征　淡黄棕色。无外皮层细胞，内皮层细胞类方形或类长方形，平周壁的横向纹理较粗而密，有的粗达3微米，每一细胞分隔成多数栅状小细胞，隔壁稍增厚或呈连珠状。

3. 检查

（1）水分　不得过9.0%。

（2）总灰分　不得过7.0%。

（3）酸不溶性灰分　不得过3.0%。

4. 浸出物

不得少于36.0%。

七、仓储运输

1. 仓储

药材仓储要求符合NY/T 1056—2006《绿色食品　贮藏运输准则》的规定。仓库阴凉干燥（温度不超过20℃、相对湿度不高于60%），应有通风、防潮、防虫蛀、防鼠、防鸟的功能。要定期清理、消毒和通风换气，保持洁净卫生。不应和有毒、有害、有异味、易污染物品同库存放；应用具内膜的编织袋密封包装，置于货架上，离地面距离15厘米、离墙壁距离50厘米为宜，定期检查贮存情况。发生返潮、褐变、生虫等现象，必须采取相应的措施。

2. 运输

运输车辆的卫生合格，温度在16~20℃，湿度不高于30%，具备防暑防晒、防雨、防潮、防火等设备，符合装卸要求。不与有毒、有害、易串味物质混装。

八、药材规格等级

根据市场情况，分为"选货"和"统货"两个等级。应符合表1要求。

表1　规格等级划分

等级	性状描述	
	共同点	区别点
选货	根茎呈不规则结节状，表面黄棕色，1至数个。根略呈角质状，无横皱纹，外皮膜质，易脱落。质坚脆易折断，断面皮部黄棕色或棕色，木部黄白色，气微、味甚苦	长短粗细均匀，完整，根条较多，根表面红棕色或黄棕色，中部直径≥0.2厘米
统货		长短粗细欠均匀，不完整，根条较少，根表面深红棕色或深棕色

注：1. 经市场调查，存在茎叶等非药用部位单独或掺入药材作为商品流通，称为"龙胆草"，价格便宜。
　　2. 市场商品，多有残留茎和茎基。

九、药用价值

（1）湿热黄疸、小便淋痛等　龙胆清热泻火，燥湿力强，治湿热黄疸常配伍茵陈、栀子等清热利湿退黄药。治小便热涩淋痛，可与木通、车前子等利尿通淋药同用。治湿热下注之阴肿阴痒，白带，阴囊湿疹，可配伍苦参、黄柏、车前子等，以增强清热燥湿的功效，煎汤内服或外洗。

（2）肝胆实火所致头胀头痛、口苦耳聋、胁肋疼痛等　龙胆为泻肝胆实火的要药，常与栀子、柴胡、黄芩等药配伍，以泻肝胆实火，如龙胆泻肝汤。治风热眼目赤肿疼痛，翳肉翳障，以酒浸龙胆配柴胡。若睑弦赤烂，热肿痒痛，多目难开，则与防风、生甘草、细辛配伍等煎水外洗。

（3）肝经热盛、热极生风所致的高热惊厥、手足抽搐　龙胆能清肝定惊，可与钩藤、黄连、牛黄等配伍用药，以清肝熄风，还可配伍白芍、茯神、麦冬等清心安神药。

参考文献

[1] 许亮，王冰，康廷国，等. T/CACM 1021.69—2017. 中药材商品规格等级龙胆[S]. 中华中医药学会，2017.

[2] 贵州省中药资源普查办公室，贵州省中药研究所. 贵州中药资源[M]. 北京：中国医药科技出版社，1992：178-181.

[3] 《云南名特药材种植技术丛书》编委会. 云南名特药材种植技术丛书·滇坚龙胆[M]. 昆明：云南科技出版社，2013：13-17.

[4] 郭兰萍，黄璐琦，谢晓亮. 道地药材特色栽培及产地加工技术规范[M]. 上海：上海科学技术出版社，2016：182-186.

[5] 国家中医药管理局《中华本草》编委会. 中华本草[M]. 上海：上海科技出版社. 1999：5553-5554.

san qi

三七

本品为五加科植物三七*Panax notoginseng*（Burk.）F. H. Chen的干燥根及根茎。

一、植物特征

多年生荫生宿根性草本植物（图1）。根状茎短，竹鞭状，横生，有1至几条肉质根，圆柱形或纺锤形，干时有纵皱纹。地上茎单生，无毛，基部有宿存鳞片。叶为掌状复叶，3～6枚轮生于茎顶；叶柄有纵纹，无毛；叶片膜质，中央的最大，长椭圆形至倒卵状长椭圆形，先端渐尖至长渐尖，基部阔楔形至圆形，两侧叶片最小，椭圆形至圆状

图1　三七原植物

长卵形，先端渐尖至长渐尖，基部偏斜，边缘具重细锯齿，齿尖具短尖头，两面沿脉疏被刚毛，主脉与侧脉在两面凸起，网脉不显（图2）。伞形花序单生于茎顶；总花梗长有条纹，无毛或疏被短柔毛；苞片多数簇生于花梗基部，卵状披针形；花梗纤细，微被短柔毛；小苞片多数，狭披针形或线形；花小，淡黄绿色；花

图2 三七叶

萼杯形，稍扁，边缘有小齿，齿三角形；花瓣5，长圆形，无毛；雄蕊5，花丝与花瓣等长；子房下位。果扁球状肾形，成熟后为鲜红色，内有种子2粒；种子白色，三角状卵形，微具三棱。花期7～8月，果期8～10月。

二、资源分布概况

20世纪50年代以来，云南省文山州大力发展三七的种植，逐渐成为三七的主产区；70年代，三七曾引种栽培于云南各地和长江以南一些地区。近年来三七种植区域除云南文山外，已经向云南红河、曲靖、昆明、玉溪、普洱、大理、保山、临沧、西双版纳、楚雄、丽江等13个州市发展，广西已有10个县种植。滇桂黔石漠化区域的广西壮族自治区靖西县、乐业县，云南省屏边苗族自治县、泸西县、砚山县、西畴县、麻栗坡县、马关县、丘北县、富宁县等地有种植。

三、生长习性

三七有多个生育周期，分为种苗生长期和大田生长期。二年生以上大田生长期包括出苗展叶期、蕾薹期、开花期、结果期、绿籽期和果实成熟期，其中4～6月为营养生长高峰期，8～10月为生殖生长高峰期。

1. 种子的萌发与出苗

种子从母株脱落时，胚尚未发育成熟，所以播种后，大约还要45～60天，胚才发育成

熟，形成叶、胚轴及胚根。胚的发育要经过幼胚期、器官形成期、胚的成熟期几个阶段。种子的寿命很短，在自然状态下一般仅能存活15天左右。采收后种子要求用水分含量为20%左右的湿沙保存。

种子萌发最适温度为15～20℃。水分是种子进行一系列生理活动的重要物质，种子对水分十分敏感。一般情况下，种子水分含量低于60%即丧失生活力。

种子出苗率与土壤水分含量密切相关，在土壤水分含量为10%～25%范围内，种苗出苗率随土壤水分含量的增加而增高，当土壤水分含量达25%时，出苗率达96.67%。在土壤为壤土时，种子出苗的最适土壤水分含量为20%～25%。

种子的萌发还与贮存时间有关。种子不耐贮存，采收后贮存时间越长，田间出苗率越低。

2. 大田生长发育规律

4～6月是三七营养器官的快速生长期，植株增高，大量新根发生。6～8月三七由营养生长转向生殖生长，花薹在6月中旬出现并迅速生长，8月初已进入开花期，地上部分营养器官的生长速度变得缓慢，地下部分的生长仍在继续，特别是休眠芽的生长速度加快，一年生的休眠芽在6月初形成。8月初二年生以上的须根数量大大低于6月初，这一时期营养器官不再增长，体内的水分含量相对减少，鲜干比较前两个时期明显减少。生产上把这一时期作为三七的第一个收获期。8月以后至10月，三七进入开花结果期，在这一时期三七的须根数比8月初大大增加。10～12月，须根数又一次减少，鲜干比也较前一时期降低，休眠芽进入最后生长阶段。

一、二、三年生三七的干物质积累最快时期均在4～8月，这与植株性状的生长规律一致。8～10月有一个较为平缓的增长期，10月以后除一年生三七（无生殖生长）外，二年生、三年生三七的地上部分干物质积累几乎为零或呈负值，地下部分的干物质积累仍在继续。

3. 开花结实特性

三七可自花授粉，也可虫媒授粉，异花授粉率也很高。

四、栽培技术（图3）

1. 种子处理

（1）留种　选择植株高大、茎秆粗壮、生长健壮的三年及三年生以上的无病虫害植株

图3　三七栽培

留种，一般为第一、二批果实。

（2）种子采集　于11月开始成熟采收。选择色泽鲜红饱满、果皮无病斑、无损伤的果实，分批采收。采收时，在距果柄10厘米处用清洁的剪刀将整株红籽剪摘下来，盛于洁净的容器中（容器一般采用竹箩）运到园外。

（3）种子处理

①去皮和清洗：三七果实采收后，应选择色泽鲜红、有光泽、饱满、无病虫害的成熟红籽放入筛内，将筛放入水中把果皮搓去，使种子与果皮分开，再将种子用水洗净，取出晾干。

②种子质量要求：种子千粒重要求在60克以上，生活力不低于90%，净度不低于95%。

③种子消毒：保存于湿沙中，在湿沙保存结束后，于播种前1～2天选用种衣剂以药种比（1∶50）进行包衣。

④种子后熟：将1份种子加入4～5份（按体积计）的湿沙（沙土的含水量约25%左右为宜，即用手抓能成团，松手掉到地面能散开）或湿泥土拌和均匀，放在木箱内置阴凉处或堆放在室内阴凉避风处贮藏保管。贮藏保管种子45～60天，如果发现沙土湿度降低，应洒适量的水，以保持原有湿度。若箱内温度升高，应及时把种子和沙土从箱内倒出摊开

晾，待温度下降后再装回箱内保藏。

2. 选地与整地

（1）选地　适宜的育种地海拔在1000～2100米之间。对栽培环境要求较为严格，忌严寒酷暑，喜冬暖夏凉。尽量选择在土层较厚、土壤疏松肥沃的黄壤、红壤及黑色砂壤土中进行播种。

（2）整地　种植前将种植完前茬作物土地进行三犁三耙，及时翻地碎土造园，确保土细，经阳光充分暴晒，将各土层中的病菌及虫卵翻出杀死，减少病虫害的发生，每亩土撒入100千克生石灰进行土壤消毒灭菌和土壤改良。平地、缓地苗床床高一般为20～25厘米，若育苗地为坡地，则床高约在15～20厘米，无论何种地势，苗床宽均为120～140厘米。此外，还应保证苗床与苗床间的距离不要太窄（约35～50厘米）。

3. 搭棚造园

（1）造园时期　一般在11月中下旬至12月中下旬进行搭棚造园。（图4）

图4　三七园

（2）造园步骤

①划线：用石灰在土地上划线，顺坡向划线，两线间距离为1.7～2.0米，并定出栽权打穴的点，线上打点规格为2.0～2.2米。

②打穴栽：采用杉木等树棒或PVC管做七权，七权长约2.1～2.2米，棒粗在5厘米以上。用打穴器在划线交叉点上打出深30～35厘米、直径比七权略粗的土穴，将七权置于土穴中，七权要求露土部分长1.8厘米左右。

③栽地马桩：在每排七权对应的位置距离桩外1米左右挖50厘米深的坑，将铁线一端绑一块重约5千克的石块置坑中，然后回填泥土。也可用长60厘米的木桩斜埋土中，然后将铁线绑在木桩上。

④固定：用8号铁线搭在七权上，固定于地马桩，通过紧线钳绞紧铁线，将所有同排七权与绞紧的铁线固定。此过程也可使用竹竿直接固定于七权上。在垂直于大杆的方向每隔20～25厘米放置小杆一根，固定。小杆也可用10～14号铁线绞紧代替。

⑤盖荫棚：荫棚草可为杉树枝、蕨草、玉米秸秆等。边铺草边放置压条，并用22号铁线固定于小杆上，育苗棚调节透光率为10%～15%，二年生三七调节透光率15%～20%，三年生三七调节透光率20%～25%。现在一般直接采用三七专用遮阳网，根据季节和光照一般采用2～3层网。

⑥围边及留门：荫棚的围边根据荫棚高度单独制作，连接成可活动的围边。每间隔4～5个排水沟留出1米作为园门。

⑦理畦做床：作畦前将建棚时残留在地面的杂物清理干净。用线沿两排七权间的中央处拉线，并用石灰沿拉线处打线，该位置即畦沟位置。沿已画好的开沟线进行开沟，将沟内的土壤提到两边作畦。畦面宽120～140厘米，长度根据地形酌定，每百米要留出腰沟，腰沟可较宽，作为主行道及主排水沟。畦高根据坡度的大小为20～25厘米，沟宽30～50厘米，下宽20厘米左右。畦沟开挖结束后，整理畦面，将畦面土壤赶平，做成中间略鼓两边略低的"瓦面状"，便于雨季排水。在整理过程中清除畦面的石块或杂草等物。

⑧施用钙镁磷肥：结合理畦做床，在畦面上施用钙镁磷肥100～150千克/亩，并均匀拌施入畦面表土中。

⑨床土处理：移栽前畦面土壤进行药剂处理。采用65%敌克松可湿性粉剂1千克/亩，或采用50%多菌灵可湿性粉剂1千克/亩，兑半干细土30～40千克混匀，均匀撒施于畦面上，并捣入耕作层土壤中混匀，并将畦面平整即可进行三七播种或移栽。

4. 播种

（1）播种时期　播种时期为头年的12月中下旬至翌年1月中下旬。

（2）播种方式　先用压穴器在畦面压1厘米深播种孔，孔穴密度为（4～5）厘米×5厘米。将用湿沙贮藏后熟好的种子，筛去河沙，加入钙镁磷肥和多菌灵干粉（多菌灵用量为种子重量的0.5%）包裹后直接点播。播种完后用充分腐熟的农家肥拌土将三七种子覆盖，以见不到种子为宜。然后在畦面上均匀覆盖一层松针，覆盖厚度以床土不外露为原则。每亩播种18万～20万粒。

（3）浇水、除草　三七播种后应视土壤墒情及时浇水1次，以后每隔10～15天浇水1次，使土壤水分一直保持在20%，直至雨季来临。三七出苗后，及时除草，保证田间清洁。

5. 苗期管理

（1）病虫害防治　苗期主要有种腐病、立枯病、猝倒病、黑斑病、疫霉病，虫害有蚜虫、吊丝虫和地老虎。应根据病虫害种类及时做好防护。

（2）施肥　在7月和10月，视田间长势可追施2次肥。肥料以三七专用复合肥为主，每次追施量在10～15千克/亩。另外，结合田间打药可叶面喷洒磷酸二氢钾。

（3）防涝　雨季时应随时检查七园，出现水分过多应及时排涝。

（4）通风除湿　雨季将荫棚四周围边和园门打开，进行棚内通风除湿，降低田间病虫害。

（5）炼苗　10～12月进行炼苗，调节棚内透光度20%左右，控制田间土壤水分在15%～20%，增强种苗抗性，提高种苗质量。

（6）起苗　种苗一般在移栽前采挖，即育苗当年的12月中下旬至翌年1月中下旬。用自制竹条从床面一边向另一边顺序采挖。起挖时应避免损伤种苗，受损伤的、病虫危害的及弱小的种苗应在采挖时清除。选用休眠芽肥壮、根系生长良好、无病虫感染和机械损伤，单株重在1.25克的子条做种苗。

（7）种苗运输　种苗一般用竹筐或透气蛇皮袋装放和运输。边采挖边运输种植。如种植地较远，三七种苗运输途中要做好保湿防晒。一般采挖后2～3天内栽种完。

6. 大田移栽

（1）种植时期　子条移栽定植时间为12月中下旬至翌年1月中下旬。

（2）种植密度　定植株行距为12厘米×15厘米，亩种植密度为2.5万株左右。

（3）种植方法

①种苗消毒：种苗种植前用杀毒矾500～800倍液进行浸种处理15～20分钟，取出带药液移栽。

②制作打穴模板：用木板制作打穴模板，即在长1.3～1.5米、宽30厘米左右的木板上固定两排倒三角形木块，排列规格为12厘米×15厘米。

③打穴：两人分别用种苗打穴模板在畦面上打出深3厘米左右的穴。

④种苗定植：将用药液处理好的三七种苗放入打好的土穴中，一个土穴放置一株。移栽时，种苗放置方向要求全园一致，以便于管理。坡地、缓坡地由低处向高处放苗，第一排种苗的根部向坡上方；第二排开始根部向坡下方，种芽向坡上方；床面两侧的根部朝内，种芽朝外，利于保湿和防止畦头塌落而露根影响三七生长。

⑤覆土：用细土覆盖种苗，以看不见根系和休眠芽为宜，约2～3厘米厚。

⑥盖草浇水：用松毛覆盖整个畦面，厚度以看不到床土为宜，盖草过程中要求厚薄均匀一致。种植完后，及时浇足定根水。

7. 田间管理

（1）抗旱浇水与防涝排湿　在干旱、半干旱地区，三七移栽后应视墒情抗旱浇水，使土壤水分保持在20%左右。雨季来临时应随时检查，水分过多应及时排涝，并打开园门通风换气以减小七园湿度，以预防或减轻田间病害。

（2）田间除草　出苗后，及时除草，保证田间清洁。

（3）调节荫棚　生长的前期，对荫棚较稀的地方用杉树叶或其他遮阴物进行修补，使整个荫棚透光基本均匀一致。在三年生的生长后期或过密的荫棚要进行疏稀，疏稀次数分为3～4次进行。第一次于晴天下午3～4时，用木棍或竹竿轻轻拍打，敲掉过密的荫棚材料，使之脱落，清除量为原定的1/3。第二次疏稀荫棚于第一次20～30天后，当三七已经适应疏稀后的光照强度时，清除量为原定的1/3。于第二次疏稀后20～30天，当三七已经适应疏稀后的光照强度时，进行第三次疏稀荫棚，清除量为原定的1/3。每次疏稀荫棚后，要把植株上的荫棚材料破碎物清扫干净。如采用遮阳网，后期适当揭除1～2层遮阳网来调节荫棚。（图5）

（4）摘蕾　商品三七生产大田在7月中下旬开始摘蕾，以促进三七块根生长。以未开放时采收的花蕾质量较好，一般在晴天采摘。采花前30天应停止使用农药。在距花蕾3～5厘米处，用剪刀剪摘花蕾，盛于洁净容器中（容器一般用竹箩）运往园外。

图5　三七荫棚

（5）科学施肥

①二年生三七的追肥：第一次追肥在5月上旬展叶期，此时为旱季，施肥在人工浇水2～3天后进行，施肥时间掌握在晴天上午10点以后，田间三七叶片露水干后进行。第二次追肥在8月的现蕾期，此期为雨季，施肥必须在晴天上午10点以后，田间三七叶片露水干后进行。施肥种类为10：10：（15～20）的复合肥，施用量为10千克/亩，采用田间撒施。施肥结束后用细竹棍或松树枝将三七叶面上肥料全部清除，或用汽油喷雾器鼓风将叶片上肥料吹拂下来，以防下雨或喷施农药后灼烧叶片。第三次追肥在12月下旬至翌年1月的倒苗期，待田间三七茎叶剪除后进行。肥料种类以有机肥为主，在8月时将牛粪、羊粪和秸秆一起堆置发酵，发酵时间在3个月以上，充分杀除有机肥中病菌和虫卵。追肥时先将发酵好的有机肥和钙镁磷肥、硫酸钾、多菌灵一起混合，混合比例为1000千克有机肥加50千克钙镁磷肥、10千克氯化钾和1千克多菌灵，将混合好的肥料均匀撒施在畦面上，并适当撒施松毛覆盖好畦面。

②三年生三七的追肥：追施2次，第一次在4月底至5月上旬，第二次在7月中下旬。施肥时间掌握在晴天上午10点以后，田间三七叶片露水干后进行。施肥种类为10：10：（15～20）的复合肥，施用量为15千克/亩，采用田间撒施。施肥结束后用细竹棍或松树枝

将三七叶面上肥料全部清除，或用汽油喷雾器鼓风将叶片上肥料吹拂下来，以防下雨或喷施农药后灼烧叶片。

8. 病虫害防治

（1）根腐病 种子和种苗在播种前或移栽前先进行药剂消毒处理；发现病株立即连土挖出销毁，病根周围土壤撒施石灰消毒；每亩用叶枯宁+敌克松各1千克与25千克干细土混匀，制成消毒土撒施；用叶枯宁+杀毒矾+百菌清按1∶1∶1的比例混合，加水稀释成300～500倍液灌根；用叶枯宁+异菌脲（扑海因）按1∶1的比例混合，加水稀释成300～500倍液灌根；用瑞毒霉锰锌+多菌灵+百菌清按1∶1∶0.5的比例混合，稀释成300～500倍液灌根。

（2）黑斑病 保证三七荫棚透光适宜且均匀，防止出现明显空洞；加强田间通风，降低田间空气相对湿度；彻底清除杂草及病株残体；雨季注意清沟排水，降低三七园湿度；增施钾肥，不偏施氮肥等，提高植株抗性；异菌脲（扑海因）+甲霜·锰锌按1∶1的比例混合，加水稀释成300～500倍液喷雾；多抗霉素100～150倍液，喷雾；菌核净400～600倍液，喷雾；福星800～1000倍液，喷雾；世高6000～7000倍液，喷雾。

（3）疫病 发现中心病株及时清除，并用药剂对发病区进行控制，避免病原扩散；加强荫棚管理，及时修补老三七园荫棚，为三七生长创造有利环境，增强植株抗病能力；雷多米尔300～500倍液，喷雾；三乙磷酸铝300～500倍液，喷雾；烯酰吗啉（安克）600～800倍液，喷雾；抑快净600～800倍液，喷雾。

（4）圆斑病 选择背风地块建造三七园；降雨季节注意清沟排水，打开园门和围边，加强通风，调节三七园湿度；增施钾肥，不偏施氮肥等，提高植株抗性；氟硅唑8000～10 000倍液加春雷霉素800倍液，喷雾；苯甲·苯环唑3000倍液，喷雾。

（5）地下害虫 对蛴螬、地老虎数量较多的地块，每亩可用90%晶体敌百虫50～75克拌20千克细潮土撒施，或与50千克剁碎的新鲜菜叶拌匀后于傍晚作厢面撒施处理。

（6）地上害虫 发生蚜虫、蚧壳虫的危害时，用敌敌畏乳油1000倍液、辛硫磷乳油1000倍液、50%抗蚜威可湿性粉剂3000倍液等，任选其中一种药剂进行喷雾防治。

（7）螨类 防治螨类的有效药剂有克螨特乳油3000倍液、杀螨酯1500～2000倍液等，可任选其中一种进行喷雾防治。

（8）蛞蝓 利用其日伏夜出的活动特点，用蔬菜叶于傍晚撒在三七园中，次日晨收集得蛞蝓后集中杀灭；或用石灰沿厢边及厢沟撒施，每亩用石灰15千克；或在蛞蝓发生期间用20倍茶枯水喷洒；还可每亩用1千克密达杀螺剂均匀撒施。

五、采收加工

1. 采收

（1）采收年限　三年生三七，即育苗1年，大田种植2年。

（2）采收时期　春三七（摘除花蕾的商品三七）最适宜采收时期是10~11月；冬三七（留种三七）最适宜采收时期是12月至次年2月。

（3）根及根茎的采挖　①揭棚放阳：采挖前15天左右，揭掉三七棚上遮阳网（杉树枝荫棚直接用木棍或竹竿敲掉），以便放阳放雨露，促进三七块茎增重

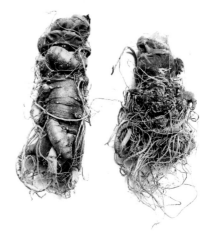

1cm

图6　三七药材采收

和有机物质积累。②田间采挖：选择晴天采挖。采用自制竹木或小棍撬挖。从畦床头开始，朝另一方向按顺序挖取，防止漏挖。采挖时应防止伤到根和根茎，保持根系完整，避免根须折断。③折茎抖泥：采挖出的三七在田间翻晒半日，待根皮水分稍蒸发，抖去泥土，折除根茎上的茎秆，用竹筐和透气编织袋运回加工（图6）。

2. 产地加工

（1）分拣　三七运回后不能堆置，及时在洁净晾晒场（光照和通风条件好，清洁卫生，最好有防雨棚）摊开进行分拣。用不锈钢剪刀分别将三七根部的剪口、主根、筋条（大根）、毛根（细根）部位分别剪下。

（2）晾晒　三七分拣后，将剪口、主根、筋条部位直接摊开在太阳下晾晒，毛根用清水清洗后再晾晒。晾晒过程中要防止雨淋和堆捂发热。晾晒期间，每日翻动1~2次，并注意检查，如有霉烂，及时剔除。

（3）堆捂回软　将晾晒发软的三七剪口、主根和筋条，及时堆捂回软，边晒边堆，如此反复3~5次至三七干透。

（4）筛灰　将晒干三七放在用铁丝及竹条制成的铁丝网筐或用篾条制作好的筛框内，将三七根上泥土等杂质筛除干净。

（5）打磨抛光　本工序可根据需要选用或不选用。将经干燥筛灰后的三七主根与抛光

物共置抛光器具中打磨至三七主根外表光净、色泽油润时取出，将三七头子与抛光物分离开，即可得出商品三七。抛光器具可用滚筒等。抛光物有二种组合：一是粗糠、稻谷、干松针段组成；二是荞麦、干松针段组成。

（6）分级　将三七主根置于拣选台上，按个头大小进行分类，再按规格（俗称头数）和感观进行分级。规格以"头/500克"划分为：20头、30头、40头、60头、80头、120头、160头、200头、无数头。只有在感观和理化指标达到优级品要求的才能算是优级品。

六、药典标准

1. 药材性状

主根呈类圆锥形或圆柱形，长1～6厘米，直径1～4厘米。表面灰褐色或灰黄色，有断续的纵皱纹和支根痕。顶端有茎痕，周围有瘤状突起。体重，质坚实，断面灰绿色、黄绿色或灰白色，木部微呈放射状排列。气微，味苦回甜。（图7）

筋条呈圆柱形或圆锥形，长2～6厘米，上端直径约0.8厘米，下端直径约0.3厘米。

剪口呈不规则的皱缩块状或条状，表面有数个明显的茎痕及环纹，断面中心灰绿色或白色，边缘深绿色或灰色。

2cm

图7　三七药材

2. 鉴别

本品粉末灰黄色。淀粉粒甚多，单粒圆形、半圆形或圆多角形，直径4～30微米；复粒由2～10余分粒组成。树脂道碎片含黄色分泌物。梯纹导管、网纹导管及螺纹导管直径15～55微米。草酸钙簇晶少见，直径50～80微米。

3. 检查

（1）水分　不得过14.0%。

（2）总灰分　不得过6.0%。

（3）酸不溶性灰分　不得过3.0%。

（4）重金属及有害元素　铅不得过5毫克/千克；镉不得过1毫克/千克；砷不得过2毫克/千克；汞不得过0.2毫克/千克；铜不得过20毫升/千克。

4. 浸出物

不得少于16.0%。

七、仓储运输

1. 仓储

加工好的三七产品应有仓库进行贮存，不得与对三七质量有损害的物质混贮，仓库应具备透风、除湿设备，货架与墙壁的距离不得少于1米，离地面距离不得少于20厘米，入库产品注意防霉、防虫蛀。水分超过13%不得入库。

2. 包装

将检验合格的产品按不同商品规格分级包装。在包装物上应注明产地、品名、等级、净重、毛重、生产者、生产日期及批号。

3. 运输

不得与农药、化肥等有毒、有害物质混装。运载容器应具有较好的通气性，以保持干燥，应防雨、防潮。

八、药材规格等级

三七分春三七、冬三七两类。"春三七"是打去花蕾，在10～11月收获的，体重色好，产量、质量均佳，应提倡生产"春三七"。"冬三七"是结籽后起收的，体大质松。除有计划的留籽外，不宜生产"冬三七"。"冬三七"外皮多皱纹抽沟，体轻泡，比"春三七"质量差，其分等的颗粒标准均与"春三七"同，不另分列。

1. 春三七规格标准

一等：（20头）干货。呈圆锥形或类圆柱形。表面灰黄色或黄褐色。质坚实、体重。断面灰褐色或灰绿色。味苦微甜。每500克20头以内。长不超过6厘米。无杂质、虫蛀、霉变。

二等：（30头）干货。呈圆锥形或类圆柱形。表面灰黄色或黄褐色。质坚实、体重。断面灰褐色或灰绿色。味苦微甜。每500克30头以内。长不超过6厘米。无杂质、虫蛀、霉变。

三等：（40头）干货。呈圆锥形或类圆柱形。表面灰黄色或黄褐色。质坚实、体重。断面灰褐色或灰绿色。味苦微甜。每500克40头以内。长不超过5厘米。无杂质、虫蛀、霉变。

四等：（60头）干货。呈圆锥形或类圆柱形。表面灰黄色或黄褐色。质坚实、体重。断面灰褐色或灰绿色。味苦微甜。每500克60头以内。长不超过4厘米。无杂质、虫蛀、霉变。

五等：（80头）干货。呈圆锥形或类圆柱形。表面灰黄色或黄褐色。质坚实、体重。断面灰褐色或灰绿色。味苦微甜。每500克80头以内。长不超过3厘米。无杂质、虫蛀、霉变。

六等：（120头）干货。呈圆锥形或类圆柱形。表面灰黄色或黄褐色。质坚实、体重。断面灰褐色或灰绿色。味苦微甜。每500克120头以内。长不超过2.5厘米。无杂质、虫蛀、霉变。

七等：（160头）干货。呈圆锥形或类圆柱形。表面灰黄色或黄褐色。质坚实、体重。断面灰褐色或灰绿色。味苦微甜。每500克160头以内。长不超过2厘米。无杂质、虫蛀、霉变。

八等：（200头）干货。呈圆锥形或类圆柱形。表面灰黄色或黄褐色。质坚实、体重。断面灰褐色或灰绿色。味苦微甜。每500克200头以内。无杂质、虫蛀、霉变。

九等：（大二外）干货。呈圆锥形或类圆柱形。表面灰黄色或黄褐色。质坚实、体重。断面灰褐色或灰绿色。味苦微甜。长不超过1.5厘米。每500克250头以内。无杂质、虫蛀、霉变。

十等：（小二外）干货。呈圆锥形或类圆柱形。表面灰黄色或黄褐色。质坚实、体重。断面灰褐色或灰绿色。味苦微甜。长不超过1.5厘米。每500克300头以内。无杂质、虫蛀、霉变。

十一等：（无数头）：干货。呈圆锥形或类圆柱形。表面灰黄色或黄褐色。质坚实、体重。断面灰褐色或灰绿色。味苦微甜。长不超过1.5厘米。每500克450头以内。无杂质、虫蛀、霉变。

十二等:(筋条):干货。呈圆锥形或类圆柱形。间有从主根上剪下的细支根(筋条)。表面灰黄色或黄褐色。质坚实、体重。断面灰褐色或灰绿色。味苦微甜。不分春、冬七每500克在450~600头以内。支根上端直径不低于0.8厘米,下端直径不低于0.5厘米。无杂质、虫蛀、霉变。

十三等:(剪口):干货。不分春冬七,主要是三七的芦头(羊肠头)及糊七(未烤焦的)。无杂质、虫蛀、霉变。

2. 冬三七规格标准

各等头数与春三七相同。但冬三七的表面灰黄色。有皱纹或抽沟(拉槽)。不饱满,体稍轻。断面黄绿色。无杂质、虫蛀、霉变。

九、药用食用价值

1. 临床常用

(1)治衄血　三七5克,自嚼,米汤送下。

(2)治吐血　鸡蛋一枚和三七末5克,藕汁一小杯,陈酒半小杯,隔汤炖熟食之。

(3)治咯血,兼治吐衄,理瘀血及二便下血(化血丹)　花蕊石15克(煅存性),三七10克,血余5克(煅存性),共研细末。分两次,开水送服。

(4)治亦痢血痢　三七15克,研末,米泔水调服。

(5)治大肠下血　三七研末,用白酒调5~10克服。加入四物汤亦可。

(6)治产后血多　三七研末,米汤服5克。

(7)治赤眼,十分重者　三七根磨汁涂四围。

(8)治刀伤,收口(七宝散)　龙骨、象皮、血竭、人参三七、乳香、没药、降香末各等分。为末,温酒下。或掺上。

(9)止血(军门止血方)　人参、三七、白蜡、乳香、降香、血竭、五倍、牡蛎各等份。不经火,为末。敷之。

(10)治无名痈肿,疼痛不止　三七磨米醋调涂。已破者,研末干涂。

2. 食疗及保健

(1)三七粉　用生三七或熟三七(用菜油或花生油微炸一下)研为细粉,贮瓶备用。

每次根据病情开水吞服1～3克。此法加工及服用方便，随用随取，不受条件限制，便于长期坚持。凡跌打损伤、各种出血症、冠心病等常采用此法。

（2）三七茶　用三七薄片或三七根适量（切碎）泡开水当茶饮，亦可适当加少量冰糖调味。可用于补虚时，也可用于心脑血管慢性疾病。

（3）三七蜜　三七切片，泡入蜂蜜中，半月后食用。每次取适量冲开水服。用于补虚，神经衰弱者。若兼大便秘结者更宜（因蜂蜜有润肠通便作用）。

（4）三七汽锅鸡或三七炖鸡　将三七5～10克用水泡软切片（160头以上小个三七可不必切），将鸡杀好、洗净、切块后，一齐放入汽锅中蒸3～4小时，至鸡熟，药汁溶出。或将三七装入洗好的鸡腹内同煮至鸡烂熟。服鸡肉和汤。服时可适量加些盐、胡椒之类的调味品。多用于气血虚弱须补益时。三七与鸡配伍制作后，补益力更强，并增加了温性。

（5）三七蒸肉饼　将肥瘦适中的猪肉或牛肉200克剁细，放入三七粉5～10克拌匀，放于甑子上蒸，或隔水炖熟。服时可适当加入胡椒、盐、味精等调味品。此量可分3日（次）服用。用于气血虚弱平常补益，是云南民间常用的服食法。

参考文献

[1]　谢宗万. 中药材品种论述[M]. 上册. 上海：上海科学技术出版社，1990：22–27.

[2]　陈中坚，杨莉，王勇，等. 三七栽培研究进展[J]. 文山学院学报，2012，25（6）：1–12.

[3]　陈中坚，孙玉琴，黄天卫，等. 三七栽培及其GAP研究进展[J]. 世界科学技术–中医药现代化，2005，7（1）：67–73.

[4]　王朝梁，陈中坚，崔秀明. 云南三七栽培技术研究及SOP制订[J]. 世界科学技术：中药现代化，2002，4（2）：65–70.

[5]　崔秀明，王朝梁，陈中坚，等. 三七大田栽培标准操作规程（草案）[J]. 现代中药研究与实践，2003，17（s1）：42–44.

[6]　陈中坚，李忠义，黄天卫，等. 云南省三七栽培现状与发展前景[J]. 人参研究，2000（2）：15–18.

[7]　李忠义，陈中坚. 三七栽培技术要点[J]. 人参研究，2000（1）：11–12.

[8]　董林林，谷利婷，徐江，等. 三七无公害栽培体系的探讨[J]. 世界科学技术–中医药现代化，2016，18（11）：1975–1980.

[9]　郝庆秀，金艳，刘大会，等. 不同产地三七栽培加工技术调查[J]. 中国现代中药，2014，16（2）：123–129.

[10]　王朝梁，陈中坚，崔秀明. 三七综合栽培技术试验示范[J]. 人参研究，2003，15（2）：30–32.

山银花

shan yin hua

本品为忍冬科植物灰毡毛忍冬*Lonicera macranthoides* Hand.-Mazz.、红腺忍冬*Lonicera hypoglauca* Miq.、华南忍冬*Lonicera confusa* DC.或黄褐毛忍冬*Lonicera fulvotomentosa* Hsu et S. C. Cheng的干燥花蕾或带初开的花。

一、植物特征

灰毡毛忍冬为多年生藤本。叶革质，卵形，顶端渐尖，基部圆形、微心形，网脉凸起而呈明显蜂窝状。花有香味，双花常密集于小枝梢形成圆锥状花序；苞片披针形或条状披针形；小苞片圆卵形或倒卵形；萼筒常有蓝白色粉。花冠白色或黄色，唇形，筒纤细，上唇裂片卵形，中裂片长为侧裂片之半，下唇条状倒披针形，反卷；雄蕊生于花冠筒顶端，连同花柱均伸出。果实黑色，常有蓝白色粉，圆形。花期6月中旬至7月上旬，果熟期10～11月。（图1）

图1　灰毡毛忍冬

红腺忍冬为落叶藤本。幼枝、叶柄、叶下面和上面中脉及总花梗均密被上端弯曲的淡黄褐色短柔毛。叶纸质，卵形，顶端渐尖，基部近圆形或心形。双花单生至多朵集生于侧生短枝上，或于小枝顶集合成总状花序；苞片条状披针形，外面有短糙毛；萼筒无毛，萼齿三角状披针形；花冠白色或淡红晕，后变黄色，唇形；雄蕊与花柱均稍伸出。果实熟时黑色，近圆形，有时具白粉；种子淡黑褐色，椭圆形。花期4～6月，果熟期10～11月。（图2）

图2　红腺忍冬

华南忍冬为半常绿藤本；叶纸质，卵形至卵状矩圆形，顶端尖，具小短尖头，基部圆形或心形。花有香味，双花腋生或于小枝或侧生短枝顶集合成具2～4节的短总状花序，有明显的总苞叶；苞片披针形；小苞片圆卵形或卵形；萼齿披针形或卵状三角形；花冠白色，后变黄色，唇形，筒直或有时稍弯曲，唇瓣略短于筒；雄蕊和花柱均伸出，比唇瓣稍长。果实黑色，椭圆形或近圆形。花期4～5月，有时9～10月开第二次花，果熟期10月。

黄褐毛忍冬为藤本。叶纸质，卵状矩圆形至矩圆状披针形，顶端渐尖，基部圆形、浅心形。双花排列成腋生或顶生的短总状花序；苞片钻形；萼筒倒卵状椭圆形，萼齿条状披针形；花冠先白色后变黄色，唇形，上唇裂片长圆形；雄蕊和花柱均高出花冠，无毛；柱头近圆形。果实不详。花期6～7月。（图3）

图3　黄褐毛忍冬

二、资源分布概况

灰毡毛忍冬主要分布于我国广东、广西、四川、贵州、安徽、福建、浙江、江西、湖北、湖南等省区；红腺忍冬分布于四川、贵州、云南、安徽、浙江、广东、广西、江西、福建、台湾、湖北、湖南等省区；华南忍冬分布于广东、广西和海南3个省区；黄褐毛忍冬分布于广西、贵州和云南3个省区。

滇桂黔石漠化区域种植的山银花主要为灰毡毛忍冬和黄褐毛忍冬。广西壮族自治区的隆林各族自治县、凤山县、东兰县、都安县、大化县、忻城县等地，贵州省的六枝特区、西秀区、平坝县、关岭布依族苗族自治县、紫云苗族布依族自治县、普安县、晴隆县、贞丰县、望谟县、册亨县、安龙县等地有种植。此技术为灰毡毛忍冬和黄褐毛忍冬的生产加工适宜技术。

三、生长习性

灰毡毛忍冬喜湿润温暖气候。适宜光照充足，生长温度为15～20℃的环境，不耐严寒和酷暑。生于海拔750～1500米的山坡林及山顶混交林中，或灌丛及山谷溪流旁。种植土壤以通气透水、肥沃、砂质为佳。

黄褐毛忍冬喜湿润温暖气候。耐寒、耐旱、耐涝，生长适温为20～30℃。生于海拔850～1300米的山坡岩旁灌木林中。种植以土质疏松、肥沃、排水良好的褐色森林土和砂壤土为好。

四、栽培技术

1. 种植材料

生产上有无性繁殖和有性繁殖两种。无性繁殖以枝条扦插为主，以当年生半木质化嫩枝为宜，也可用已木化的当年生枝条，或1～2年直径在0.5～0.8厘米的枝条作插穗，要求每条嫩枝穗条长5厘米，直径大于0.15厘米，带1～2个节，每条老枝穗条长约20～30厘米，直径为0.5～3厘米，带3个节；有性繁殖选择生长健壮的健康植株进行采种，9～10月采收黑色浆果或接近成熟的果实，连同小果枝一起剪回，堆积使后熟，后熟过程中注意保湿。约一周后，果皮完全变黑，将果实搓烂，用清水洗去果肉，漂去果皮，拌入五倍以上的湿润河沙或细土贮藏，播种材料以籽粒饱满、无虫蛀、常温贮藏不超过1年的种子为佳。

2. 选地与整地

（1）选地　种植地宜选择平坦、向阳地势，土壤要求深厚、肥沃疏松、无土传病害，以有水源、排水良好的砂壤土或壤土为宜。

（2）整地　种植地翻耕前3～5天浇水1次。打碎土块，整平耙细。每亩地施堆肥、秸秆或青杂草4000～5000千克，钙镁磷肥150～300千克。或做成宽1.3米的高畦，每穴施0.2～0.3千克菜枯饼及0.15千克复合肥或15千克农家肥。

3. 播种

（1）扦插繁殖　春、夏、秋3季均可进行扦插，以夏季扦插育苗为佳。扦插前将其以100根为一捆，用湿沙贮藏。按照株行距为20厘米×30厘米，每亩地育苗1万株；0.5厘米直径以下小插穗育苗，株行距可缩至5厘米×30厘米，每亩地育苗4万株。按30厘米行距开15～20厘米的深沟。将插穗按株距均匀摆入沟内，填土、踏实，入土深度为插穗长度的1/2，直插、斜插均可。扦插3周后，插穗开始生根发芽，翌年春天可将其起苗定植；夏季扦插，在采花后的雨季进行。选取生长健壮的当年生枝条，每100枝扎成一捆，枝条基部放入50毫升/升的萘乙酸+吲哚乙酸混合激素溶液中浸泡12小时后扦插。扦插苗应注意遮阴、保湿，14天后开始生根萌芽；秋季扦插多在9月进行，方法与夏季扦插相同。翌年春季定植栽培。

（2）种子繁殖　前40天将种子放在温水中浸泡24小时，捞出与3倍的湿沙层积，当50%的种子裂口处露白时，筛出种子进行条播。按条距20厘米，开浅沟，10厘米×30厘米的株行距进行播种，每亩地育苗2万株。均匀撒入种子于沟内，压实，播后覆土1~2厘米，并盖稻草，浇水保湿。15天内幼苗出土，揭去盖草，加强肥水管理。当年秋季或第二年春季幼苗可定植。每亩播种量约1~1.5千克。于早春萌发前或秋冬季休眠期进行，按行距150厘米、株距120厘米挖穴，宽深各30~40厘米，每穴栽壮苗1株，填细土压紧、踏实，浇透水。成活后，整形修剪。

（3）分株繁殖　种植翌年，植株周围都能萌发根蘗苗。春季结合施肥时断根，在断根愈伤组织处生长出根蘗苗，于夏、秋季的雨天，刨出幼苗，移栽。

4. 苗圃管理

（1）浇水　苗木扦插当天浇透水，隔2~3天浇水1次，连续3~5次，生根以后可每10~15天浇水1次。

（2）追肥　扦插苗15~20天生根，这时，每一亩地可撒施尿素2.5~3千克，40天以后追肥量可加大到8~10千克。

（3）中耕　初次中耕要离插穗5厘米远，不可太深，苗木进入旺盛生长期后，中耕深度可适当加深。

（4）苗木管理　新发枝长到25~30厘米高时，及时摘心。

5. 田间管理

（1）松土除草　栽植后的前3年，每年进行3~4次除草，即发出新叶时进行第一次除草；7~8月进行第二次松土；秋末冬初前最后一次松土，并在该时期进行松土、培土。3年后减少除草次数，每年春季2~3月和秋后入冬前培土。每4年深翻1次，深度40~50厘米。松土时，距主干20~30厘米先出沟，依次外延，将表土和基肥混合翻入地下，整平地面。

（2）施肥　每年10~11月底，将花墩周围30厘米的土壤深翻，每墩施入有机肥5~10千克和0.1千克过磷酸钙，整成四周高、中间低的凹槽形。头茬花采摘后及时追施速效肥。结合每年深翻挖槽，于沟槽内均匀施撒有机肥料，并将挖出的土回填于沟槽内，耙平地面。施肥量可根据植株大小而定，较大的植株每株施土杂肥5～6千克、尿素50～100克，小植株可适当减少。以每穴施0.15千克枯饼肥或腐熟农家肥5千克为宜。追肥需结合中耕除草、培土进行。三年生以上的植株，开花前后在树冠周围开环状沟，每株追施磷酸二铵0.05千克或0.1千克复合，施后用土覆盖肥料厚5厘米。花芽分化时，于叶面喷施0.2%～0.3%的磷酸二氢钾溶液。采花后，可追施尿素1次。

（3）浇灌　春季萌动时浇水1～2次，秋后浇水1次。

（4）整形修剪　壮枝宜轻剪，一般保留8～10芽；弱枝保留3～5对芽；剪除全部细、弱、病和缠绕枝、交叉枝。定植后的幼龄花株，以培养株型为主，留3～5个主杆。

6. 病虫害防治

（1）白粉病　发病初期及时处理病残株；发生期用50%托布津1000倍液喷雾。

（2）褐斑病　发病初期剪除病叶，用1：1.5：200波尔多液喷洒，每7～10天喷洒1次，连续2～3次。

（3）炭疽病　清除残株病叶，及时集中烧毁，移栽前采用1：1：（150～200）波尔多液浸苗5～10分钟。发病期喷洒65%代森锌500倍液或50%胂·锌·福美双800～1000倍液。

（4）锈病　采集花后，及时清除枯叶、病叶，并集中烧毁；发病初期喷洒25%粉锈宁1000倍液，每隔7～10天喷洒1次。

（5）叶斑病　及时清除病叶，用65%代森锌可湿性粉剂400～500倍液或75%瑞毒霉800～1000倍液连续喷洒2～3次。

（6）蚜虫　清明和谷雨时各喷一次40%乐果乳剂800～1500倍液或80%敌敌畏乳油2000倍液。

（7）虎天牛　成虫5月中下旬产卵，于产卵期用50%辛磷酸乳油600倍液，50%磷胺乳液1500倍液喷雾，每7～10天喷1次，连喷数次。5月上旬和6月下旬，当幼虫蛀入茎秆之前，喷80%敌敌畏乳剂1000倍液各1次，用糖醋液（糖：醋：水：敌百虫=1：5：4：0.01）诱杀成虫。剪除根枝，集中烧毁。

（8）尺蠖　冬季清洁田园，发现幼虫即用80%敌敌畏乳油1000倍液或95%晶体敌百虫800～1000倍液喷施，也可用20%杀灭菊酯2000倍液或溴氰菊酯1000～2000倍液喷雾。

（9）豹蠹蛾　及时清理树枝，收花后，7月下旬至8月上旬结合修剪，剪掉有虫枝；于7月中下旬幼虫孵化盛期，用加入0.3%～0.5%煤油的40%乐果乳油1000倍液喷雾或用注射器从蛀孔注入40%乐果乳油原液。

五、采收加工

1. 采收

（1）采收期　春季栽植者当年即可结花，秋冬季栽植者次年结花。单花从萌蕾到开放约13～20天，春季较长，夏秋季花蕾发育较快。最佳采收期是白蕾前期。清晨和上午为最佳采收时间，这时的花蕾不易开放，养分足、气味浓、颜色好。

（2）采收方法　只采集成熟花蕾和接近成熟的花蕾，不带幼蕾、叶子。采收后摊开放置，时长不超过4小时。

2. 加工

（1）晒干法　每筐晒鲜花2.5～3千克，将筐置通风向阳处，晒至八成干后翻晒。夜间或遇雨天，可将筐挪放在院内，筐与筐之间放两根横木，上盖席。花蕾及时摊敞，晒花层2～3厘米厚，曝晒中途不能翻动。晒干的花，其手感以轻捏会碎为准。阴雨天放入室内，在席上摊晾。

（2）蒸后干燥法　用水蒸气迅速蒸制花蕾，以刚被蒸熟为宜，摊开为较薄的一层晒干或室内阴干。

（3）烘房烘干法　采用烘烤烟叶的烘房进行烘干。烘花前，先将烘房内的温度提高到35℃左右，除去烘室内的潮气；将花撒在竹席上，铺花厚度3～5厘米，关闭门窗；立即增加火势，当室温为50℃左右时，鲜花产生水蒸气，温度下降后又关上门窗，保持50～60℃的温度。利用开启或关闭门窗，控制温度为60℃左右，室内水蒸气不形成水雾为宜。一般8～16小时即可烘干。

（4）机械加工法　所利用的机械为茶场加工茶叶的机械，自动控制，加工迅速。

六、药典标准

1. 药材性状（图4）

灰毡毛忍冬呈棒状而稍弯曲，长3～4.5厘米，上部直径约2毫米，下部直径约1毫米。表面黄色或黄绿色。总花梗集结成簇，开放者花冠裂片不及全长之半。质稍硬，手捏之稍有弹性。气清香，味微苦甘。

黄褐毛忍冬长1～3.4厘米，直径1.5～2毫米。花冠表面淡黄棕色或黄棕色，密被黄色茸毛。

2. 鉴别

（1）灰毡毛忍冬　腺毛较少，头部大多圆盘形，顶端平坦或微凹，侧面观5～16细胞，直径37～228微米；柄部2～5细胞，与头部相接处常为2（～3）细胞并列，长32～240微米，直径15～51微米。厚壁非腺毛较多，单细胞，似角状，多数甚短，长21～240（～315）微米，表面微具疣状突起，有的可见螺纹，呈短角状者体部胞腔不明显；基部稍扩大，似三角状。草酸钙簇晶，偶见。花粉粒，直径54～82微米。

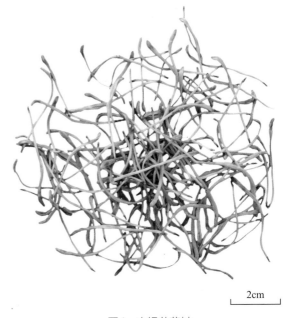

图4　山银花药材

（2）黄褐毛忍冬　腺毛有两种类型：一种较长大，头部倒圆锥形或倒卵形，侧面观12～25细胞，柄部微弯曲，3～5（～6）细胞，长88～470微米；另一种较短小，头部顶面观4～10细胞，柄部2～5细胞，长24～130（～190）微米。厚壁非腺毛平直或稍弯曲，长33～2000微米，表面疣状突起较稀，有的具菲薄横隔。

3. 检查

（1）水分　得过15.0%。

（2）总灰分　不得过10.0%。

（3）酸不溶性灰分　不得过3.0%。

七、仓储运输

1. 仓储

仓库内有良好的通风、除尘、消防、防虫、防鼠害等设施，储存时间不得超过18个月。垛与垛间距不得少于30厘米，垛与地面间距不少于15厘米。堆垛时先在底层以同一方向平铺摆放一层，然后垂直交叉摆放一层，依次向上堆放，每层货物的件数、方向相同，垛顶呈现平面。

2. 运输

运输中不与其他有毒、有害、易串味的产品混运。运输过程中，运输人员要保证运输的质量和数量，将其及时运转到指定地点。运输结束后，运输人员要及时清理运输工具，保证下次正常使用。使用集装箱或平板汽车统一运输，专车专用。要求车厢内保持干燥、整洁、无污。运输前质检员对运输工具进行检查，检查合格后方可装车运输。包装件整齐平放，轻装、轻放。运输记录符合《本草原料运输记录单》（RFNY/RE-11-02）规定要求。

八、药材规格等级

一等：花蕾呈棒状，上粗下细，略弯曲，花蕾瘦小。表面黄白色或青白色，气清香，味淡微苦。开放花朵不超过20%。无梗叶、杂质、虫蛀、霉变。

二等：兼有花蕾或开放的花朵，色泽不分，枝叶不超过10%。其余标准同一等。

九、药用食用价值

1. 临床常用

（1）风热表证、温热病　山银花气味芳香，具轻宣疏散之性，既善清肺经之邪以疏风透热，又能泄心胃之热以清解热毒，是治疗外感风热表证的常用药。治疗分热表证或温病初起，常与连翘相须为用，并配伍发散风热之薄荷、牛蒡子等。治疗温热病热入气分，或深入营血，山银花除具有清热解毒外，兼具清泻肺胃热和凉血之效。治疗气分热盛，常与清热泻火之品石膏、知母等同用。若热入营血，高热神昏，斑疹吐衄，常与清热凉血之品地黄、玄参同用。

（2）疮痈疔肿　山银花性寒味甘，有清热解毒，消散痈肿的作用，为疮痈要药。治疗疮痈初起，红肿热痛，常与清热解毒、活血散结之天花粉、当归、穿山甲等同用。若治疗疔疮，坚硬根深，多与清热解毒药之紫花地丁、野菊花、蒲公英等同用。若治疗肠痈腹痛，常与清热消痈、活血止痛药之大黄、败酱草等同用；治疗肺痈咳吐脓血，常与清泄肺热，消痈排脓之桔梗、鱼腥草等同用。

（3）咽喉疼痛、热毒痢疾　山银花的清热解毒之力较强，又有利咽、凉血止痢之功效。治疗咽喉肿痛，不论热毒内盛还是风热外袭均为适用。治疗热毒内盛常与解毒利咽之射干、山豆根同用。治疗风热外袭常与散风热、利咽喉之薄荷、牛蒡子同用。治疗热毒痢疾，大便脓血，可单独使用山银花浓煎频服，或配伍清热燥湿之白头翁、秦皮等同用。

（4）细菌性痢疾、抗氧化　山银花对溶血性链球菌、金黄色葡萄球菌等多种致病菌及上呼吸道感染致病病毒等有较强的抑制力，另外还可增强免疫力、抗早孕、护肝、抗肿瘤、消炎、解热、止血、抑制肠道吸收胆固醇等，可与其他药物配伍用于治疗呼吸道感染，菌痢，急性泌尿系统感染，高血压等病症。另外，山银花还具有很强的抗氧化活性。

2. 食疗及保健

（1）饮料食品　山银花含有丰富的营养物质，水溶性糖含量较高，还含有锰、铜、锌、钴等人体必需的微量元素和对人体有利的活性酶物质。将山银花与芦根煮汁，加入冰激凌调配为山银花糖果食品，具有清热解毒，消炎止渴之功效。在山银花提取物中加入适量甜味剂、矫味剂等辅料，超滤、灭菌、灌装制成保健饮料品，清凉爽口，芳香甘甜。可制成复合饮料，如山银花与绿茶同用，山银花与苦瓜、菊花同用，山银花与淡竹叶同用，山银花与芦荟同用，山银花与银杏叶同用等。山银花可与酸奶合于一体，酸甜适中，口感细腻、柔和。

（2）补益保健茶　山银花茶气味芬芳，夏秋服用既能防暑降温，降脂减肥，养颜美容，又能清热解毒。将其与野菊花、麦冬等配伍泡茶，可清热解毒，消暑生津，患有急慢性咽炎、扁桃体炎症者饮用后可缓解咽喉肿痛。

（3）功能保健品　山银花加蜂蜜同服，可缓解热结便秘。加水蒸馏制成山银花露，具有一定的降低胆固醇作用，还有增强免疫功能。在传统黄酒加工工艺基础上添加山银花提取浓缩液，科学调配制成山银花保健酒，具有清热解毒，消炎止渴的功效。山银花解毒功能较强，能解除无机或有机毒物对人体的毒害，因此在有机磷农药中毒、菌类中毒等方面开发保健食品具有广阔的市场前景。

参考文献

[1] 何顺志，徐文芬. 贵州中草药资源研究[M]. 贵阳：贵州科技出版社，2007：634–635.

[2] 张廷模. 临床中药学[M]. 上海：上海科学技术出版社，2012：103.

[3] 杨成华，刘延惠. 贵州的忍冬属植物资源[J]. 贵州林业科技，1999，27（2）：26–29.

[4] 童红，江维克，周涛. 等. 贵州金银花与山银花的产业现状调查[J]. 贵州农业科学，2014，42（1）：

238–242.

[5] 税丕先，庄元春，孙琴. 灰毡毛忍冬的《中药材生产质量管理规范》栽培方法[J]. 时珍国医国药，
    2006，17（1）：149.

[6] 刘来正，赵桂珍，王满恩，等. 山银花与其伪品华西忍冬的生药学比较研究[J]. 农业与技术，
    2009，29（6）：46–49.

[7] 李锦燊，吴洪文. 山银花化学成分与药理活性研究进展[J]. 北方药学，2014（2）：71–73.

sheng jiang   gan jiang

生姜（干姜）

本品为姜科植物姜*Zingiber officinale* Rosc.的新鲜根茎作生姜入药；干燥根茎作干姜入药。趁鲜切片晒干或低温干燥者称为"干姜片"。

一、植物特征

多年生草本植物（图1）。株高0.5～1米；根茎肥厚，多分枝，有芳香及辛辣味（图2）。叶片披针形或线状披针形，无毛，无柄；叶舌膜质。穗状花序球果状；苞片卵形，淡绿色或边缘淡黄色，顶端有小尖头；花冠黄绿色，裂片披针形；唇瓣中央裂片长圆状倒卵形，短于花冠裂片，有紫色条纹及淡黄色斑点，侧裂片卵形；雄蕊暗紫色；药隔附属体钻状。

图1　姜

二、资源分布概况

我国分布很广，除东北、西北等寒冷地区

图2　新鲜根茎

外，全国大部分地区均有栽培。四川、广西、广东、贵州、云南、山东、陕西、浙江等省区产量较大，南方以广东、浙江栽培较普遍；北方则以山东为主要产区。

姜作为滇桂黔石漠化区域特色农作物之一，种植栽培规模较大，各地均有栽培。

三、生长习性

姜喜温和、湿润气候，不耐寒，遇霜则易凋萎，耐阴，不耐强光，但在不同生长期对光的需求不同，发芽期忌强光，而生长旺盛阶段则需较强光照。根系不发达，因此既不耐旱也不耐涝，土壤含水量需保持在75%～80%。宜在排水良好、土质疏松、土层深厚、富含腐殖质的砂壤土或黏土中生长。

四、栽培技术

1. 种植材料

以无性繁殖为主。选择肥大、丰满、皮色有光泽、不干缩、质地硬、未受冻、无病虫害的根茎做种。

2. 选地与整地

（1）选地　选土质肥沃、土层深厚、透气性好、有机质丰富、保水保肥力强、pH值为5～7的微酸性或中性土壤为宜。要求田块地势稍高，排灌方便，不易积水。宜与水稻、十字花科、豆科作物等进行3～4年的轮作。

（2）整地　待土壤解冻后，细耙1～2遍，并结合耙地施入大量农家肥，一般每亩施优质厩肥5000～8000千克、过磷酸钙30～50千克。

3. 播种

（1）晒姜困姜　播种前20～30天，从贮藏窖内取出种姜，用清水洗去姜块上的泥土，平铺在草席或干净的地上晾晒1～2天，傍晚收进室内，以防夜间受冻。

（2）掰种　选发芽正常的姜块，掰成每小块带有一个健康粗壮嫩芽的仔姜（少数瘦小的姜块可留2个芽）。姜块大小要适宜，一般中块小黄姜掰成5～7块仔姜，保证每块重量在50～100克为宜，多余的芽可除去，以保证养分集中供应。

（3）栽种　种姜掰选后即可播种，播种时如果土壤比较干燥，应在播种前1～2小时浇足底水，底水下渗后，将掰开的种姜的伤口处蘸上草木灰或药物杀菌剂，按一定的株距把种姜摆放在播种沟内，幼芽方向应保持一致，并用手轻轻把种姜按入泥土中，使姜芽与土面相平，再扒下部分湿土盖住幼芽，以防强光灼伤幼芽。种姜排好后用锄头将垄上湿土耙入沟内盖住种姜，并搂平耙细，要求覆土厚4～5厘米，不可过厚或过薄，如果过厚，对姜芽出苗不利，过薄则表土易干，同样影响发芽。

（4）合理密植　合理密植是取得高产的中心环节，种植密度受土壤、肥水条件、播种期、播种量以及田间管理水平等多种因素的影响。种植密度不是固定不变的，应因地制宜，根据具体条件来确定。一般土壤肥力高，肥料供应充足，田间管理较好的园地，适当密植，行距为33～40厘米，株距20～22厘米；坡地、瘦土园地，管理水平较差的地块可适当稀植，行距为33～40厘米，株距为24厘米。

4. 田间管理（图3）

（1）田间防晒　露地栽培可在种植后用秸秆平铺于土面上，以保持土壤湿润。待出苗时，再把秸秆顺行插成排用以遮阳，待气温降低后拔掉秸秆，以利于光合作用。

（2）除草　种植6～10天后，部分杂草已开始生长，可用40%的百草枯或10%的草甘膦进行喷雾除草，用药时要按说明配比浓度。待苗出齐后则不可用药物除草，只能人工拔除。

图3　生姜大田

（3）水分管理　出苗后，适当干燥的土壤可提高地温，促进出苗及生长。在生长中期至收获前，湿润的土壤有利于分枝及块茎膨大，一般相对湿度宜保持在80%左右。晴天应根据土壤干湿情况适当浇水，为避免植株徒长以及病虫害发生，不可漫灌，以防过分潮湿和渍水。

（4）追肥　苗出齐后可追1次提苗肥，此时苗生长量小，需肥量不多，宜用腐熟的农家肥，每亩灌施1000～1500千克，或用复合肥15～20千克撒施。第2次追肥在大暑后，此次追肥对促进根茎膨大并获取高产有重要作用，要求肥效长，每亩用2000～3000千克腐熟的农家肥并添加三元复合肥25～40千克混施。第3次追肥在8月下旬至9月上旬，此时苗有6～8个分枝，也正是根茎迅速膨大生长的时期，可根据植株的长势来追肥，植株长势一般的可每亩施30～45千克复合肥，对肥水条件较好的田块可酌情少施，避免茎叶徒长。每次施肥时配合清除杂草。

（5）培土　为防止根茎膨大时露出地面影响生长，因而需进行培土。培土工作可结合中耕除草和追肥进行。

5. 病虫害防治

（1）腐败病　播种前30天左右，使用专用施药器具按30厘米左右的间距将药液施入15～25厘米深的土层，每穴注入药液2～3毫升，再用塑料膜覆盖3～5天，撤除薄膜15～20天后整地备播。

（2）根结线虫病　每亩用3%米乐尔颗粒剂10千克，80%二氯异丙醚乳油3千克熏蒸土壤；或用1.8%阿维菌素2000倍液灌根，每穴灌药液100～150克，灌后可浇1次水。

（3）斑点病　可用70%甲基硫菌灵可湿性粉剂1000倍液+75%百菌清可湿性粉剂1000倍液于发病初期进行叶面喷施，每隔7～10天喷1次，连喷2～3次。

（4）炭疽病　可用70%甲基硫菌灵可湿性粉剂1000倍液+75%百菌清可湿性粉剂1000倍液或40%多硫悬浮剂500倍液或50%苯菌灵可湿性粉剂1000倍液于发病初期进行叶面喷施，每隔10～15天喷1次，连喷2～3次。

（5）枯萎病　可用50%多菌灵可湿性粉剂300～500倍液浸泡种姜块1～2小时，捞起后拌草木灰播种。发病初期在病株及其四周浇灌50%多菌灵可湿性粉剂500倍液或10%双效灵水剂200～300倍液，每隔3～5天浇灌1次，连续防治2～3次。

（6）叶枯病　可用75%百菌清可湿性粉剂600～700倍液，或65%多果定可湿性粉剂1500倍液，或50%苯菌灵可湿性粉剂1200～1500倍液，或64%杀毒矾可湿性粉剂500倍液喷雾防治，每隔5～7天喷1次，连喷2～3次。

（7）立枯病　可用20%甲基立枯磷乳油1200倍液，或40%拌种双悬浮剂600倍液，或10%立枯灵悬浮剂300倍液，或50～100毫克每毫升的井冈霉素，或农抗120水剂200～300倍液于发病初期进行喷雾防治，每隔2～3天喷1次，连喷2～3次。

（8）病毒病　可用20%毒克星可湿性粉剂500倍液，或5%菌毒清可湿性粉剂500倍液，或20%病毒宁水溶性粉剂500倍液，或0.5%抗毒剂1号水剂250倍液喷雾防治，每隔5～7天喷1次，连喷2～3次。

（9）螟　可用50%杀螟硫磷乳剂500～800倍液或90%敌百虫800～1000倍液喷雾防治。

（10）小地老虎　可用灭杀毙8000倍液，或2.5%溴氰菊酯3000倍液，或90%敌百虫800倍液喷雾防治。

（11）异型眼蕈蚊　播种前用40%二嗪农粉剂拌种，用量为种子质量的0.4%；发现幼虫为害根茎部时，可喷淋10%吡虫啉可湿性粉剂1500倍液或用50%辛硫磷乳油1200倍液灌蔸，采收前7天停止用药。

（12）蓟马　可用5%啶虫脒可湿性粉剂2500倍液或10%吡虫啉可湿性粉剂1000倍液喷雾防治。

五、采收加工

1. 采收

（1）种姜　可与鲜姜一起采收；也可在幼苗出土长出4～5片叶时采收，即于6月下旬至7月上旬采收，小心扒开土壤将种姜采下，然后再覆土盖住根部，尽量少伤植株。不宜采收过迟，以免伤根。

（2）仔姜　于7～10月视市场行情随时采收，采收越早产量越低。一般于8月初开始采收。

（3）鲜姜　一般于10月中下旬，初霜到来之前，地上茎叶尚未霜枯，而根茎组织已充分老熟之时收获。收获前3～4天，先浇水1次，使土壤湿润，以便于收刨。若土质疏松，可抓住茎叶整株拔出，轻轻抖去根茎上的泥土，然后自茎秆基部（保留2～3厘米地上茎）用刀削去地上茎。

2. 加工

（1）生姜　将采收后置阴凉处，可用湿润稻草或布料等遮盖，避免太阳直射。作鲜姜上市的用清水洗净泥土，然后在阴凉通风处或冷库中预冷。

（2）干姜　选均匀、饱满结实、未经霜冻、不霉不烂的鲜姜，先将鲜姜清洗，洗净后置阴凉通风处晾干，待表面水分稍干后，晒干或低温烘干。趁鲜切片晒干或低温烘干为干姜片。

六、药典标准

1. 药材性状

（1）生姜　不规则块状，略扁，具指状分枝，长4～18厘米，厚1～3厘米。表面黄褐色或灰棕色，有环节，分枝顶端有茎痕或芽。质脆，易折断，断面浅黄色，内皮层环纹明显，维管束散在。气香特异，味辛辣。（图4）

5cm

图4　生姜药材

（2）干姜　呈扁平块状，具指状分枝，长3～7厘米，厚1～2厘米。表面灰黄色或浅灰棕色，粗糙，具纵皱纹和明显的环节。分枝处常有鳞叶残存，分枝顶端有茎痕或芽。质坚实，断面黄白色或灰白色，粉性或颗粒性，内皮层环纹明显，维管束及黄色油点散在。气香、特异，味辛辣。（图5）

（3）干姜片　呈不规则纵切片或斜切片，具指状分枝，长1～6厘米，宽1～2厘米，厚0.2～0.4厘米。外皮灰黄色或浅黄棕色，粗糙，具纵皱纹及明显的环节。切面灰黄色或灰白色，略显粉性，可见较多

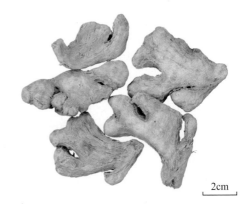

2cm

图5　干姜

的纵向纤维，有的呈毛状。质坚实，断面纤维性。气香、特异，味辛辣。

2. 鉴别

（1）生姜　木栓层为多列木栓细胞。皮层中散有外韧型叶迹维管束；内皮层明显，

可见凯氏带。中柱占根茎大部分，有多数外韧型维管束散列，近中柱鞘部位维管束形小，排列紧密，木质部内侧或周围有非木化的纤维束。薄壁组织中散有多数油细胞；并含淀粉粒。

（2）干姜　粉末淡黄棕色。淀粉粒众多，长卵圆形、三角状卵形、椭圆形、类圆形或不规则形，直径5～40微米，脐点点状，位于较小端，也有呈裂缝状者，层纹有的明显。油细胞及树脂细胞散于薄壁组织中，内含淡黄色油滴或暗红棕色物质。纤维成束或散离，先端钝尖，少数分叉，有的一边呈波状或锯齿状，直径15～40微米，壁稍厚，非木化，具斜细纹孔，常可见菲薄的横隔。梯纹导管、螺纹导管及网纹导管多见，少数为环纹导管，直径15～70微米。导管或纤维旁有时可见内含暗红棕色物的管状细胞，直径12～20微米。

3. 检查

（1）水分　干姜不得过19.0%。

（2）总灰分　生姜不得过2.0%，干姜不得过6.0%。

七、仓储运输

1. 仓储

应在阴凉、通风、清洁、卫生的条件下贮存，按品种、规格分别贮藏，防日晒、雨淋、冻害、病虫害危害、机械损伤及有毒物质的污染。在10℃以下易受冷害，受冷害的姜块在温度回升时容易腐烂，最适宜的贮藏温度为16～20℃，温度过高也易腐烂，适宜的相对湿度为90%～95%，空气相对湿度低于90%，会因失水而干枯萎缩。

2. 运输

运输时做到轻装、轻卸、严防机械损伤，运输工具要清洁、无污染，运输中要注意防冻、防晒、防雨淋和通风换气。

八、药材规格等级

（1）生姜　一级：同一品种形态完整肥大、丰满充实，色泽黄亮一致，表面光滑，清洁干燥。无腐烂霉变、焦皮皱缩、冻伤、日灼伤、异味、泥土杂质及病虫害及机械伤。有害物质残留控制在有关标准允许的范围以内。重量≥200克，品质不合格者≤5%，且不合格者应达到二等质量标准，腐烂者≤1%，杂质≤2%，重量分级不合格者≤10%。

二级：同一品种形态完整肥大、丰满充实，色泽黄亮基本一致，表面较光滑，清洁干燥。无腐烂霉变冻伤、日灼伤、异味、泥土杂质及较严重病虫害及机械伤，允许轻微皱缩。有害物质残留控制在有关标准允许的范围以内。重量≥100克，品质不合格者≤10%，腐烂者≤3%，杂质≤2%，重量分级不合格者≤10%。

（2）干姜　根据市场流通情况，按照产地加工不同，将干姜药材分为"干姜"和"干姜片"两个规格。在干姜规格项下，根据饱满程度、单个重量等进行等级划分，分成"选货"和"统货"两个等级，其中"选货"项下再分为"一等"和"二等"两个级别。干姜片规格为统货。应符合表1要求。

表1　规格等级划分

规格	等级	性状描述	
		共同点	区别点
干姜	选货 一等	呈扁平块状，具指状分枝，长3～7厘米，厚1～2厘米，表皮呈灰黄色或浅灰色，粗糙，具纵皱纹和明显的环节。分枝外尚有鳞叶残存，分枝顶端有茎痕或芽。质坚实，断面黄白色或灰白色，粉性或颗粒性，内皮层环纹明显，维管束及黄色油点散在。气香、特异，味辛辣	个头饱满坚实、色泽统一、质地坚硬、粉性足；外皮无机械损伤或病虫害造成的斑痕，无须根。个体均匀一致，每公斤药材个数200个以内，干姜单重4～8克的药材≥60%
	选货 二等		少量药材有机械损伤及病虫害造成的斑痕，部分药材带须根，个体均匀度低于选货一等，每公斤药材个数在200个以上，干姜单重48克的药材<60%
	统货	部分个体不够饱满坚实，常有机械损伤及病虫害造成的斑痕，药材个体不均匀，不分大小	
干姜片	统货	呈不规则纵切片或斜切片，具指状分枝。长1～6厘米，宽～2厘米，厚0.2～0.4厘米。外皮灰黄色或浅黄棕色，粗糙，具纵皱纹及明显的环节。切面黄白色或白色，略显粉性，可见较多的纵向纤维，有的呈毛状。质坚实，断面纤维性。气香、特异，味辛辣	

注：1. 当前药材市场干姜规格分为干姜和干姜片，干姜片通常为统货，干姜分为选货和统货，以往药材市场中干姜选货与统货没有严格性状数据来划分，因此本部分根据市场调查与产区调查后以单重及均一性作为划分等级的依据。

2. 市场上会有不同加工方式的干姜出现，例如含硫干姜及不含硫干姜，也有所谓的粉姜、柴姜，南方产区所产干姜多为粉姜，北方山东产多为柴姜，柴姜多为食用，性状与《中国药典》描述有出入，这些在本部分中不作为划分规格等级的依据。

3. 部分药材市场干姜、干姜片硫黄熏蒸货较多，且二氧化硫严重超标，闻之硫黄味熏鼻，不符合药典要求，请注意区别。

九、药用食用价值

1. 生姜临床常用

（1）风寒表证　本品发散风寒作用温和，略有发汗解表之功，风寒轻证单用有效，更多是作为辅助之品，与桂枝、羌活等辛温解表药同用，以增强发汗解表之效。

（2）胃寒及呕吐证　温中散寒，对寒犯中焦或脾胃虚寒之胃脘疼痛、食少、呕吐等症，可收祛寒开胃，止呕，止痛诸效。寒重者，可以之与高良姜、胡椒等温里药同用；脾胃气虚者，宜以之与人参、白术等补脾益气药同用。长于止呕，素有"呕家圣药"之称。因其本为温胃之品，对胃寒呕吐最为适合。若治胃热呕吐，亦可与黄连、竹茹等清胃正呕药配伍，共收清胃止呕之效；若痰饮呕吐，常以之与半夏同用，既可增强和中止呕之效，又可降低半夏的毒副作用，如《金匮要略》小半夏汤。

（3）肺寒咳嗽　本品温肺止咳，对于肺寒咳嗽者，不论有无外感风寒，或痰多痰少，皆可选用。风寒外犯而咳者，常以之与麻黄等药同用，如《和剂局方》三拗汤；外无表邪而痰多者，可与化痰止咳药同用，如《和剂局方》二陈汤，以之与半夏、橘皮等药同用。

此外，本品对生半夏、生南星等药物之毒，以及鱼蟹等食物中毒，有一定的解毒作用。姜汤或姜汁灌服，或姜汁滴鼻，还可急救猝然昏厥者。

2. 干姜临床常用

（1）脾胃寒证　辛热燥烈，主入脾胃经，功善温中散寒、健运脾阳，为温暖中焦之主药。无论外寒内侵的实寒证，还是阳虚寒从内生的虚寒证，均可使用。治寒邪直中之腹痛，轻症者单用，重症者常配伍温中散寒药，以增强散寒止痛之力，如《和剂局方》二姜丸，以之与高良姜同用。治胃寒之呕吐，常配伍温中降逆止呕药，以增加散寒止呕之效，如《金匮要略》半夏干姜散，以之与半夏同用。治脾胃虚寒之脘腹冷痛、食欲不振或呕吐泄泻，常配伍补脾益气药，以增健运脾胃之效，如《伤寒论》理中丸，以之与人参、白术等同用。

（2）亡阳证　入于心经，能回阳通脉。治心肾阳虚、阴寒内盛之亡阳厥逆、脉微欲绝，每与附子相须为用，既助附子回阳救逆，又能降低其毒性，如《伤寒论》四逆汤，以之与附子、炙甘草同用。

（3）寒饮喘咳　上能温肺散寒以化饮，中能温脾运水以绝痰。治寒饮喘咳之形寒背冷、痰多清稀，常配温肺化饮、止咳平喘之品，以增其疗效，如《伤寒论》小青龙汤，以之与细辛、五味子、麻黄等同用。

3. 生姜食疗及保健

（1）调料佳品　本品具有特殊的辣味和香味，可调味添香，是生活中不可缺少的调配菜，可做腥味较强的鱼肉之调配菜，可生食、熟食，可腌渍、盐渍、醋渍，可加工成姜汁、姜粉、姜酒、姜干，可提炼制作香料的原料。

（2）功能保健品　本品能使血管扩张，血液循环加快，促使身上的毛孔张开，这样不但能把多余的热带走，同时还把体内的病菌、寒气一同带出，如①生姜4片，茶叶15克，煎浓加半汤匙食醋，趁热饮服，每日3次，可治寒痢；②生姜4片，茶叶15克，黄连6克，煎水晾凉饮服，每日3次，可治热痢；③生姜5片，加适量核桃肉、红糖捣烂食之，可治伤风咳嗽、虚寒久咳。

（3）助阳之品　本品具有加快人体新陈代谢、抗炎镇痛、同时兴奋人体多个系统的功能，还能调节男性前列腺的功能，治疗中老年男性前列腺疾病以及性功能障碍，因此本品常被用于男性保健。若男性常感胃寒、食欲不振，可以经常含服鲜姜片，刺激胃液分泌，促进消化。

4. 干姜食疗及保健

干姜为温中散寒养生食品，日常食之可温暖脾胃、散寒通阳。可研粉调食或作调料煮食。常用养生方，如：干姜粥、干姜羊肉汤。①干姜粥：组方为干姜6克，高良姜9克，粳米100克；做法：先用清水煎煮干姜、高良姜，去渣取汁，再放入粳米，同煮为粥，早晚各服1次；功能：温中散寒，回阳通脉，温肺化饮；适于胃寒冷痛，呕吐，呃逆，泛吐清水，肠鸣腹泻等症。②干姜羊肉汤：组方为干姜10克，胡椒粉3克，羊肉500克，料酒10克，精盐3克，葱15克，味精3克；做法：将干姜洗净，拍松；羊肉洗净，切成3厘米见方的薄片；葱切段；将干姜、牛肉、葱、料酒同放炖锅内，加水适量，置武火上烧沸，再用文火炖煮30分钟，加入精盐、味精、胡椒粉即成，每日2次，佐餐食用；功能：补虚、散寒；适于慢性胃炎患者。

参考文献

[1]　林杨，韦坤华，缪剑华，等. T/CACM 1021.91—2018. 中药材商品规格等级干姜[S]. 中华中医药学会，2018.

[2]　陈跃清，杨珂玲，郑稻根. 生姜优质生产农业气象条件分析[J]. 福建热作科技，2008，33（4）：

15，28．

[3] 吴场铠，颜佳文．生姜的生长特性及栽培技术[J]．现代农业科技，2007（16）：57-58．

[4] 曹守山．适宜生姜生长的中温带区域范围分析[J]．河北农业科技，2008（2）：52-54．

[5] 高德民．生姜生物学特性的研究[J]．中国野生植物资源，2011，30（3）：24-25．

[6] 吴帮勇．兴义市生姜栽培管理技术[J]．安徽农学通报，2011，17（12）：107，180．

[7] 张冬莲，托治宁，覃光积．果园间作生姜栽培技术要点[J]．广西农学报，2011，26（4）：90-92．

[8] 旷碧峰，肖昌华，欧阳丰，等．南方生姜高产规范化栽培及加工技术[J]．蔬菜，2013（6）：24-26．

[9] 肖运成．无公害生姜采后产品标准化处理技术[J]．安徽农业科学，2006，34（3）：475．

[10] 麻进兴，刘相根．南方山区生姜种植高产栽培技术[J]．农业科技通讯，2010（11）：163-166．

石斛

本品为兰科植物金钗石斛*Dendrobium nobile* Lindl.、鼓槌石斛*Dendrobium chrysotoxum* Lindl.或流苏石斛*Dendrobium fimbriatum* Hook.的栽培品及其同属植物近似种的新鲜或干燥茎。

一、植物特征

1. 金钗石斛

茎直立，肉质状肥厚，稍扁的圆柱形，长10～60厘米，粗达1.3厘米，上部多少回折状弯曲，基部明显收狭，不分枝，具多节；节间多少呈倒圆锥形，干后金黄色。叶革质，长圆形。总状花序，具1～4朵花；花序柄基部被数枚筒状鞘；花苞片膜质，卵状披针形，先端渐尖；花梗和子房淡紫色；花大，白色带淡紫色先端；中萼片长圆形，先端钝；侧萼片相似于中萼片，先端锐尖，基部歪斜；萼囊圆锥形；花瓣多少斜宽卵形，先端钝，基部具短爪，全缘，具3条主脉和许多支脉；蕊柱绿色，基部稍扩大，具绿色的蕊柱足；药帽紫红色，圆锥形，密布细乳突，前端边缘具不整齐的尖齿。花期4～5月。（图1、图2）

图1　金钗石斛植物　　　　　　　　　　　图2　金钗石斛花

2. 鼓槌石斛

茎直立，肉质，纺锤形，长6～30厘米，中部粗1.5～5厘米，干后金黄色。叶革质，长圆形，先端急尖而钩转，基部收狭。总状花序近茎顶端发出，斜出或稍下垂，长达20厘米；花序轴粗壮，疏生多数花；花苞片小，膜质，卵状披针形；花梗和子房黄色；中萼片长圆形，先端稍钝，具7条脉，侧萼片与中萼片近等大，萼囊近球形；花瓣倒卵形，宽约为萼片的2倍，唇瓣的颜色比萼片和花瓣深，基部两侧多少具红色条纹，边缘波状，上面密被短绒毛；药帽淡黄色，尖塔状。花期3～5月。

3. 流苏石斛

茎粗壮，斜立或下垂，质地硬，圆柱形或有时基部上方稍呈纺锤形，长50～100厘米，干后淡黄色或淡黄褐色，具多数纵槽。叶二列，革质，长圆形或长圆状披针形。总状花序，疏生6～12朵花；花序轴较细；花苞片膜质，卵状三角形，先端锐尖；花梗和子房浅绿色；花金黄色，稍具香气；中萼片长圆形，边缘全缘，具5条脉；侧萼片卵状披针形，先端钝，基部歪斜，全缘，具5条脉；萼囊近圆形；花瓣长圆状椭圆形；唇瓣比萼片和花瓣的颜色深，近圆形，边缘具复流苏，唇盘具1个新月形横生的深紫色斑块，上面密布短绒毛；蕊柱黄色，具蕊柱足；药帽黄色，圆锥形，前端边缘具细齿。花期4～6月。（图3）

图3　流苏石斛

二、资源分布概况

金钗石斛主要分布于台湾、湖北、广西、四川、贵州、云南等省区；鼓槌石斛分布于云南的南部至西部；流苏石斛分布于广西的南部至西北部、贵州的南部至西南部、云南的东南部至西南部。滇桂黔石漠化区域在黄平、镇远、黔西、岑巩、天柱、锦屏、麻江、丹寨等地有金钗石斛栽培。此技术为金钗石斛的生产加工适宜技术。

三、生长习性

金钗石斛喜温暖、阴凉、湿润气候。生长期年均气温在18~21℃，1月平均气温在8℃以上，无霜期250~300天；年降雨量1000毫米以上，生长处的空气相对湿度以80%以上为适宜。土壤以肥沃疏松保湿通气的沙砾为宜。

四、栽培技术

1. 种植材料

生产上以无性繁殖为主。选择无病、无虫害、无霉变的健壮植株或组培苗作生产用扦插种苗，还可用茎中上部的茎节先长根后长芽而形成新的小植株为分蔸苗。

2. 选地与整地

（1）选地　以肥沃疏松、保湿透气、周围有一定阔叶树作为遮阴树的沙砾地为宜。附主（生产地）的选择：阴暗湿润、有苔藓（地筒皮）的岩石、砾石，或周围有遮阴树的砂质岩石、石壁或乱石头（石旮旯）；或树冠浓密，常有苔藓植物生长的阔叶树种；或阴湿树林，以砖石砌成高15厘米的厢，填入腐殖土、细沙和砂石，厢面上搭100~120厘米高的荫棚。（图4）

（2）整地　在大块岩石上栽种时，按30厘米×40厘米的间距将鳞芽钉在石面上，保留苔藓，或选择适宜场所进行树栽、墙栽、盆栽，或种子石缝、岩壁及人工栽培基质进行种植。（图5）

图4　石斛选地　　　　　　　　　　　　　　　图5　石斛整地

3. 播种

（1）贴石栽培　在大块的岩石上栽培时，将植株按株行距30厘米×40厘米固定在石面上，种苗按5株为一小窝，原有老根留长10～15厘米，保留周围的苔藓和除掉杂草；在砾石上栽培，将种苗平放在砾石上，用石块压住种苗中下部，基部、顶部裸露在外，以风吹不动为度。如栽种种苗的地方有石灰尘，应用水冲或湿布擦净。

（2）贴树栽培　在阔叶林中，选择树干粗大、水分较多，树冠茂盛、树皮疏松、有纵裂沟的常绿树种（乌桕、柿子、油桐、青杠、香樟、楠木、枫杨等），在较平而粗的树干上、树枝凹处或每隔30～50厘米用刀砍一浅裂口，并剥去一些树皮，将已备好的种苗，用竹钉或绳索将基部固定在树的裂口处，用牛粪泥浆（用牛粪与泥浆拌匀）涂抹

图6　石斛贴树栽培

在其根部及周围树皮沟中。用竹钉钉牢或用竹篾绳索捆上2圈绑牢。树上栽种应从上而下进行，已枯朽的树皮不宜栽种。（图6）

（3）荫棚栽培　将小砾石拌少量细沙，作120厘米×40厘米×17厘米（长×宽×高）高畦，分株后栽于畦内，密度以20厘米×20厘米一窝，上盖0.7～1厘米厚的细砂或小砾石，压紧。畦上搭1.7米高的荫棚。

4. 田间管理

（1）水分管理　在连续干旱、缺水、根系干燥的时候，应给苗浇水，冬季和雨水较多的季节，可不浇水。浇水应在上午和下午温度较低时进行，夏季在清晨和傍晚栽培石面温度较低时再浇水，在中午和石面温度较高时，切忌浇水。

（2）追肥　成活后第二年开始追肥，每年1～2次，第1次在春分至清明前后进行；第2次在立冬前后进行。用油饼、豆渣、牛粪、猪粪、肥泥加磷肥及少量氮肥混合调匀，在其根部薄薄地糊上一层。在其生长期内，每隔1～2个月，用2%的过磷酸钙或1%的硫酸钾进行叶面施肥。贴石栽培的金钗石斛，一年内追肥2次，早春施肥在2～3月，早秋施肥在9～10月施腐熟的农家肥上清液或多元复合肥水溶液，每亩1000千克，浓度宜低不宜高。干旱时结合浇水，在水中按规定放入磷酸二氢钾、赤霉素作叶面喷施；贴树栽培的金钗石斛：将腐熟农家肥的上清液或磷酸二氢钾、赤霉素溶液采用高压、喷雾方法作根外施肥，旱时勤施，涝时少施；荫棚栽培的金钗石斛，主要施用腐熟农家肥的上清液，棚内湿度大时少施，久旱无雨时勤施。

（3）光照管理　以55%～70%的遮光度为宜。光照不合适时，进行人工调节：选择落叶阔叶树作遮阴树，达不到遮阴条件时，应及时加盖遮阴网或搭建遮阴棚遮阳；光照遮阴过度时，适当修剪遮阴树枝，修剪遮阴树枝时应注意多透朝阳，严遮夕阳。

（4）中耕除草　每年要进行2～3次拔除杂草。将根际周围的泥土、枯枝落叶清除干净。高温季节不宜除草。清除杂草和树叶时，不要伤根、动苗。

（5）修枝　结合采收，剪去部分老枝和枯枝、生长过密的茎枝。

（6）翻蔸　栽种5年后，根据生长情况进行翻蔸，除去枯朽老根，进行分株，另行栽培。

5. 病虫害防治

（1）黑斑病　在未发病前用1：1：150波尔多液或多菌灵1000倍液预防控制，7～10天1次；用多菌灵1000倍液喷施；发病后，使用甲基托布津、代森锰锌等农药防治。

（2）煤污病　以预防为主，荫棚栽培应通风良好，雨后及时排水，防治蚧壳虫、蚜虫、粉虱等传染源；发病时，喷施50%多菌灵800～1000倍液或40%灭菌丹可湿性粉剂，隔10～15天1次，连续2～3次。

（3）炭疽病　在发病前用多菌灵、甲基托布津、代森锰锌、代森锌、百菌清（达科灵）等喷施，10～15天1次，连续3次。用上述药按施用浓度3天1次连施3次进行防治。

（4）菲疬蚧 以预防为主，选取健康植株进行繁殖，注意环境通风；一旦有少量蚧虫发生时，用软刷轻轻清除虫体，水冲洗干净；在若虫刚刚孵化，尚未形成蜡质壳时用40%乐果乳剂或80%敌敌畏乳剂800～1000倍液进行防治。早春和初冬可用石硫合剂防治。

（5）菲盾蚧 40%乐果乳油1000倍液或1～3度石硫合剂喷杀。已成盾壳但量少者，可剪除老枝叶片集中烧毁或捻死。

（6）蜗牛 用麸皮拌敌百虫，撒在害虫经常活动的地方进行毒饵诱杀；在栽培床及周边环境喷洒敌百虫、澳氰菊酯等农药，也可撒生石灰、饱和食盐水；注意栽培场所的清洁卫生，枯枝败叶要及时清除场外。

五、采收加工

1. 采收

（1）采收期 于栽培2～3年后陆续采收，以立冬至清明前植株未萌芽前采获的为佳，此时已停止生长，枝茎坚实饱满，含水量少，干燥率高，加工质量好。

（2）采收方法 采收时，用剪刀或镰刀从茎基部将老植株剪下来，注意采老留嫩，使留下的嫩枝继续生长，以便来年继续收采。

2. 加工

（1）鲜石斛加工 除去须根和枝叶，用湿沙贮存备用。也可平装于竹筐内，盖以蒲席贮存，但注意空气流通。

（2）干石斛加工 ①切片法：除去鲜金钗石斛的根、叶及叶鞘质膜，清洗、斜切，烘干即得；水烫法，将鲜石斛除去叶片及须根，在水中浸泡数日，使叶鞘质膜腐烂后，刷去茎秆上的叶鞘质膜或用糠壳搓去质膜。晾干水气后烘干，用干稻草捆绑，竹席盖好，再烘烤，烘至七八成干时，再搓揉一次并烘干后，取出喷少许沸水，按顺序堆放，用草垫覆盖好，使颜色变成金黄色，再烘至全干（图7）；②热炒法：净制后的鲜石斛置于盛有炒热的河沙锅内，上下翻动炒至有微微爆裂声，叶鞘干裂而撬起时，取出置放于木搓衣板上反复搓揉，除尽残留叶鞘，用水清洗泥沙，在烈日下晒干，夜露之后于次日再反复搓揉，如此反复2～3次，使其色泽金黄，质地紧密，干燥即得；③枫斗法：拣净枯草和杂质，分出单株，留下2条须根，把株茎剪成约4厘米长一段，洗净，晾干水分，放入干净的铁锅内炒至变软，搓去残留叶鞘，置通风处晾12天，放在有细孔眼的铝皮盘内，用炭火加热，并随手将其扭成弹簧状或螺旋形，如此多次定型，烘至足干即得。加工后将带有须根和不带须根的成品分开处置。

图7　石斛加工

六、药典标准

1. 药材性状

金钗石斛呈扁圆柱形，长20～40厘米，直径0.4～0.6厘米，节间长2.5～3厘米。表面金黄色或黄中带绿色，有深纵沟。质硬而脆，断面较平坦而疏松。气微，味苦。

2. 鉴别

表皮细胞1列，扁平，外被鲜黄色角质层。基本组织细胞大小较悬殊，有壁孔，散在多数外韧型维管束，排成7～8圈。维管束外侧纤维束新月形或半圆形，其外侧薄壁细胞有的含类圆形硅质块，木质部有1～3个导管直径较大。含草酸钙针晶细胞多见于维管束旁。

3. 检查

（1）水分　干石斛不得过12.0%。
（2）总灰分　干石斛不得过5.0%。

4. 浸出物

干品不得少于8.0%。

七、仓储运输

1. 仓储

贮存时应放于阴凉、通风、清洁、干燥处，不得露天堆放，不得与有毒、有异味、易污染、潮湿的物品同仓存放。

2. 运输

运输工具应清洁、卫生、无毒、无污染。运输时应防潮、防暴晒、防污染。

八、药材规格等级

根据市场流通情况，金钗石斛药材分为两个规格，各规格项下均为统货。应符合表1要求。

表1　规格等级划分

规格	等级	性状描述
		共同点
鲜石斛	统货	呈圆柱形或扁圆柱形，长约30厘米，直径0.4～1.2厘米。表面绿色，光滑或有纵纹，节明显，色较深，节上有膜质叶鞘。肉质多汁，易折断。气微，味微苦而回甜，嚼之有黏性
干石斛	统货	呈扁圆柱形，长约20～40厘米，直径0.4～0.6厘米，节间长2.5～3厘米。表面金黄色或黄中带绿色，有深纵沟。质硬而脆，断面较平坦而疏松。气微，味苦

九、药用价值

（1）胃阴不足证　本品善养胃生津。治胃阴不足，口渴咽干、食少呕逆、胃脘嘈杂、隐痛或灼痛、舌光少苔，可单用煎汤代茶服，或配养胃生津、柔肝和胃的麦冬、竹茹、白芍等同用。

（2）热病伤阴之低热烦渴，或阴虚火旺之虚热不退　本品既能滋养肾阴，又能清退虚热。治疗热病伤阴，低热烦渴，常与养阴清热之品配伍。如《时病论》清热保津法，以之与生地黄、麦冬等通用；治疗阴虚津亏、虚热不退，常与滋肾阴、退虚热的地骨皮、黄柏、麦冬、生地黄等配伍同用。此外，石斛生用有补肾、养肝、名目及强筋骨的作用。治肾虚目暗，视力减退，内障失明等，多与菊花、枸杞子、熟地黄等补养肝肾、清肝明目之品同用，如石斛夜光丸；治肾虚痿痹，腰脚软弱，多与熟地黄、怀牛膝、杜仲等补肝肾、强筋骨之品同用。

（3）肺虚燥咳　本品味甘性平入肺，具有益气生津之功而善于润燥，常用于治疗燥邪或热邪客肺，气阴两伤所致肺虚燥咳，气短痰少等症，常与沙参、百合、麦冬、贝母等配伍应用，共奏益气养阴之功。

参考文献

[1]　李明焱，徐靖，黄璐琦，等. T/CACM 1021.12—2018. 中药材商品规格等级石斛[S]. 中华中医药学会，2018.

[2]　《中华本草》编委会. 中华本草[M]. 第二十四卷. 上海：上海科学技术出版社，1999：705-710.

[3]　中国科学院中国植物志编辑委员会. 中国植物志[M]. 第十九卷. 北京：科学出版社，1999：80-91.

[4]　贵州省中药研究所. 贵州中药资源[M]. 北京：中国医药科技出版社，1992：110-125.

[5]　何顺志，徐文芬. 贵州中药资源研究[M]. 贵州：贵州科技出版社，2007：774.

[6]　张华海. 贵州野生兰科植物地理分布研究[J]. 贵州科学，2010，28（1）：47-56.

[7]　吴志利，江汉美. 石斛及其伪品[J]. 中国医院药学杂志，1999，19（1）：61-62.

[8]　喻新芳，贾卫，赵淑敏. 石斛及其伪品的比较研究[J]. 时珍国医国药，2004，15（3）：159.

tai　zi　shen
太子参

太子参为石竹科植物孩儿参*Pseudostellaria heterophylla*（Miq.）Pax.的干燥块根。

一、植物特征

野生孩儿参为多年生草本。块根长纺锤形，白色，稍带灰黄。茎直立，单生或双生

图1　太子参原植物

图2　太子参花

或数枚丛生块根上，茎下部节上常生根。叶对生，倒披针形，上部叶宽卵形或菱状卵形，上面无毛，下面沿脉疏生柔毛。花两型：开花受精花生茎顶端；萼片5，花瓣5，白色；雄蕊10；子房卵形。闭花受精花生于茎枝下部，具短梗。蒴果宽卵形，含少数种子；种子褐色，扁圆形，具疣状凸起。花期4～7月，果期7～8月。（图1、图2）

家种后其生长周期及形态学特征发生显著变化，由多年生草本变为越年生草本，块根多至几十个，纺锤形或长方锤形，茎丛生或分枝多，叶片、果实、种子显著增多。花期4～6月，果期5～6月。

二、资源分布概况

野生分布于我国辽宁、内蒙古、河北、山东、安徽、江苏、浙江、陕西、山西、河南等省区。栽培产区有江苏、安徽、山东、福建、贵州省，其中安徽宣城、福建柘荣、贵州施秉为太子参的主产区。

滇桂黔石漠化区域的施秉县1992年从福建柘荣引种太子参，经过20多年的推广种植，近年成为太子参主产区，施秉牛大场为太子参药材集散地，黄平、镇远、黔西、岑巩、天柱、锦屏、麻江、丹寨等地亦有种植。

三、生长习性

太子参喜温暖湿润气候，抗寒力强，怕高温，忌强光，怕涝。具有低温萌芽、发根的特性，块根在-20℃气温下可安全越冬。在自然条件下，多生于阴湿山坡的岩石隙缝和枯枝落叶层中，喜疏松、肥沃含有腐殖质的砂质壤土。在月平均10～20℃的气温下生长旺盛，当气温达30℃以上时，植株生长停滞，开始枯萎，进入休眠状态。

四、栽培技术

1. 种植材料

生产以无性繁殖为主，用有性繁殖进行种苗复壮。无性繁殖以芽头饱满、参体匀称、无分叉、无破损、无病虫害的块根作为种参；有性繁殖以母本纯正、生长健壮、无病虫害、生长整齐一致植株的成熟种子作为种植材料。（图3）

图3　太子参种植材料

2. 选地与整地

（1）选地　选择丘陵坡地或地势较高的平地，以生荒地或与禾本科作物轮作3年以上的土地为宜，土壤应为土层深厚、肥沃、疏松、排水良好的砂质壤土或腐殖质壤土，pH值中性偏微酸性。（图4）

图4　太子参大田

图5　太子参整地

（2）整地　前作物收获后，将土壤翻耕25～30厘米；约20天后，再耕翻20厘米以上，并亩施腐熟过的农家肥或堆肥1500～2000千克，耙细、耙匀。栽种前，每亩用复合肥20千克、普钙50千克、硫酸钾15千克混合，撒入土中作种肥。作厢，厢宽70～90厘米，厢长依据地块而定，一般不超过10米。坡地顺坡开厢，沟深25厘米左右，平地沟深25厘米以上，厢面作呈龟背状，四周开好排水沟。（图5）

3. 播种（图6）

（1）无性繁殖　10月下旬至11月中旬播种。播种前用50%多菌灵可湿性粉500倍液浸种20～30分钟，取出沥干，用清水清洗残留药液，晾干表面水。①条播：在整平耙细的畦面上，按行距15～20厘米，纵向或横向开沟，底宽5厘米，沟深5厘米，按株距3～5厘米把块根播于沟内，芽头保持同一深度，然后耙平厢面，参

图6　太子参播种

头距地面2.5厘米为宜，土质较黏的地块可浅一些。②撒播法：撒播在厢面上按株行距8厘米×13厘米或6厘米×15厘米，品字形摆放种参，参头（芽头）朝一个方向，条播在厢面上开沟，行距13厘米左右，沟深10厘米左右，按株距5～7厘米摆放种参，参头（芽头）朝上，细土覆盖厚度6～8厘米，覆土后厢面呈弓背形，轻轻压实厢面土壤。每亩用种参35千克左右，用种量不宜过大、过密，否则影响药材产量和质量。

（2）有性繁殖　种子具有休眠，9月下旬至10月上旬播种，让种子在自然条件下越冬解除休眠；或低温（0℃左右）沙藏层积，层积时间为播种前45～50天进行，过早或过迟均不利于发芽；层积后的种子宜在2月下旬至3月上旬播种，将种子与草木灰拌匀后，距地面约30厘米均匀撒于畦面上。撒种量每平方米300～600粒，播种量每亩2～2.5千克，覆土厚0.5～1厘米。出苗后，当出现2片小叶时，用1%磷酸二氢钾喷施2次，间隔6～7天，4～5月进行间苗。

4. 田间管理

（1）中耕除草　3月上旬，参苗齐苗后进行浅中耕除草，5月上旬，参苗封行后，停止中耕，坚持除草。

（2）定苗　4月中旬，参苗封行前拔除病株、弱株。

（3）追肥　结合中耕除草进行追肥，每亩施钙镁磷肥25千克左右、钾肥10千克左右、高效复合肥20千克左右，肥料均匀撒于厢面，宜在阴天或雨前施肥。4月中下旬进行第二次追肥，每亩施磷酸二氢钾5千克左右，配成0.5%溶液进行叶面喷施，早晚进行。

（4）排灌水　定期检查沟和厢面，清除沟中积土，保持厢面平整，大雨后及时疏沟排水；叶片出现轻度萎蔫时，人工灌溉，以距地面10厘米左右的耕作层浇透为宜，早晚进行。

（5）越夏管理　留种地，春季应在厢边作业道套种玉米遮阳，降低田间温度，利于种苗度夏，也可增加收入。玉米穴距20厘米，每穴留2株，未套种玉米的作业道可种植大豆。

（6）种参保存　①冷库保存：7～8月，挖出块根，选取种参，保存于0～5℃的冷库中，每半月检查一次，清除霉烂块根，栽种时取出。②原地保存：将种参保存在留种地，10～11月栽种时，挖出种参，去掉泥土即可栽种。③沙藏保存：7～8月，挖出块根，选取种参，按沙与参3∶1比例进行保存。存放在阴凉、干净、无污染的环境中，每半月检查一次，清除霉烂块根，栽种时取出。

（7）种子收集　5月下旬，种子脱落后或待地上部枯黄倒苗后，用特定功率的吸尘器收集散落在地上的种子，过筛或水漂等方法除去杂草、沙土，种子低温贮藏。

5. 病虫害防治

（1）立枯病和紫纹羽病　加强田间管理，雨后及时排水，降低田间湿度；勤除草松土，发现病株及时拔除，在病穴周围撒上石灰消毒。

（2）叶斑病　块根收获后彻底清理枯枝残体，集中深埋或烧毁；严格实行轮作；发病初期喷50%多菌灵500～1000倍液，或70%甲基托布津800倍液，每隔7～10天喷1次，连续2～3次；发病严重时，喷苯醚甲环唑或戊唑醇1500倍液，每隔10天喷1次，连续2～3次。

（3）根腐病　栽种前种参用50%多菌灵500倍液浸种20～30分钟进行消毒；发病期用70%甲基托布津1000倍液，或用50%多菌灵800～1000倍液，或用40%的根腐宁1000倍液，或用75%百菌清1000倍液浇灌病株根部。

（4）病毒病　加强选种，淘汰病株，选择无病植株、抗病性较强的植株作种；增施磷钾肥，增强植株对病毒的抵抗力；用种子复壮时，种子经0℃低温处理40天播种；整地时亩用50%多菌灵400克稀释800～1000倍喷于土表进行土壤消毒；发病期亩用20%病毒A可湿性粉剂100克兑水50千克，喷雾，或亩用3.85%病毒毕克水乳剂100毫升兑水50千克，喷雾。

（5）灰霉病　从4月初开始喷1∶1∶100的波尔多液，每隔10～14天喷1次，连续3～4次；发病时，用50%异菌脲或嘧霉胺800倍液喷施。

（6）虫害　严重时，用50%多菌灵100倍，或75%辛硫磷乳油700倍液浇灌植株周围及土面，或用麦麸、豆饼等50千克炒香，加90%美曲膦酯原药0.5千克，加水50千克诱杀。

五、采收加工

1. 采收

（1）采收期　7月中上旬，即植株地上部分枯萎后10天左右。

（2）田间清理　采挖前将地上枯萎植株、杂草清除，集中运出种植地烧毁或深埋。

（3）采挖　从植株地上枯萎部分判断地下块根位置，用五齿钉耙等农用工具沿厢横切面往下挖，深度20～25厘米，小心翻挖出块根，剥除泥土，收集后装入清洁竹筐内或透气编织袋中。（图7）

图7　太子参采收

（4）分选及清洗　块根运回后及时摊开分选，清除感染病虫害，或有损伤的块根；分选后用清水浸泡5～10分钟后，用流动水搓洗，淘去泥土，洗净的块根沥干水。（图8）

2. 加工

将块根摊开暴晒或60℃烘干，晒或烘至七八成干时，收拢装入筐内，或于晒席上人工揉搓除去须根，再继续晒干或烘干，晒干或烘干后的块根质硬脆，断面呈白色（含水量不高于14%）。在参体皱缩处人工去除尾部；用风扇或风簸进行风选，将参须、尘土、细草吹净。（图9）

图8　太子参分选、清洗

六、药典标准

1. 药材性状

图9　太子参烘干

细长纺锤形或细长条形，稍弯曲，长3～10厘米，直径0.2～0.6厘米。表面灰黄色至黄棕色，较光滑，微有纵皱纹，凹陷处有须根痕。顶端有茎痕。质硬而脆，断面较平坦，

周边淡黄棕色，中心淡黄白色，角质样。气微，味微甘。（图10）

2cm

图10　太子参药材

2. 鉴别

木栓层为2～4列类方形细胞。栓内层薄，仅数列薄壁细胞，切向延长。韧皮部窄，射线宽广。形成层成环。木质部占根的大部分，导管稀疏排列成放射状，初生木质部3～4原型。薄壁细胞充满淀粉粒，有的薄壁细胞中可见草酸钙簇晶。

3. 检查

（1）水分　不得过14.0%。

（2）总灰分　不得过4.0%。

4. 浸出物

不得少于25.0%。

七、仓储运输

1. 仓储

药材仓储要求符合NY/T 1056—2006《绿色食品 贮藏运输准则》的规定。仓库应具有防虫、防鼠、防鸟的功能；要定期清理、消毒和通风换气，保持洁净卫生；不应与非绿色食品混放；不应和有毒、有害、有异味、易污染物品同库存放；在保管期间如果水分超过14%、包装袋打开、没有及时封口、包装物破碎等，导致吸收空气中的水分，发生返潮、结块、褐变、生虫等现象，必须采取相应的措施。

2. 运输

运输车辆的卫生合格，温度在16～20℃，湿度不高于30%，具备防暑防晒、防雨、防潮、防火等设备，符合装卸要求；进行批量运输时应不与其他有毒、有害、易串味物质混装。

八、药材规格等级

根据市场流通情况，将太子参分为"选货"和"统货"两个规格。"选货"根据上中部直径和每50克块根数进行等级划分。应符合表1要求。

表1　规格等级划分

规格	等级	性状描述	
		共同点	区别点
选货	一等	干货。长纺锤形，较短，直立。表面黄白色，少有纵皱纹，饱满，凹陷处有须根痕。质硬，断面平坦，淡黄白色或类白色。气微，味微甘。无须根、杂质、霉变	个体较短，上中部直径0.4厘米以上，单个重量0.4克以上，每50克块根数130个以内，个头均匀
	二等		个体较长，上中部直径0.3厘米以上，单个重量0.2克以上，每50克块根数250个以内，个头均匀
统货		干货。细长纺锤形或长条形，弯曲明显。表面黄白色或棕黄色，纵皱纹明显，凹陷处有须根痕。质硬，断面平坦，淡黄白色或类白色。气微，味微甘。上中部直径0.3厘米以下，单个重量0.2克以下，每50克块根数250个以外。有须根，长短不均一。无杂质、霉变	

注：1. 市场上贵州、安徽、山东、福建等地的太子参外观稍有差异。
　　2. 当前市场太子参药材存在产地混杂情况。

九、药用食用价值

1. 临床常用

（1）脾气虚弱、胃阴不足的食少倦怠等　本品味甘性平入脾经，善补气生津但力弱效缓，能益脾气、养胃阴，常用治脾胃虚弱而又不受峻补者，常配黄芪、白术等同用，以增强益气补脾之功用；治脾虚胃阴不足的食少倦怠者，常配山药、石斛等健脾和胃养阴；若病后体虚，乏力自汗，饮食减少，常与药性平和的山药、扁豆、茯苓等药配伍应用以增效。

（2）自汗　本品治儿童气阴两虚，虚汗多，常与沙参、石斛、白薇、青蒿等药配伍应用，以益气养阴而退虚热；若胃表不固，汗出频频者，常与麦冬、五味子、生黄芪等同用，以益气养阴，固表止汗。

（3）气虚津伤和心悸失眠　本品性平偏凉，补中兼清，常治热病后期气虚津伤，内热口渴，多与生地黄、知母、麦冬、竹叶等药同用，以益气生津止渴；若气津两伤，兼见心悸失眠、多汗等证，常与麦冬、酸枣仁、五味子等配伍应用，以益心气，养心阴而安心神。

（4）肺虚燥咳　本品味甘性平入肺，具有益气生津之功而善于润燥，常用于治疗燥邪或热邪客肺，气阴两伤所致肺虚燥咳，气短痰少等症，常与沙参、百合、麦冬、贝母等配伍应用，共奏益气养阴之功。

2. 食疗及保健

（1）清补食品　太子参在民间广泛用于膳食原料，常用来煲鸡、鸭、肉等，也常用于特色菜肴的原料，如太子参猪肉羹、党参熟地炖豆腐。①太子参猪肉羹：猪肉500克、太子参30克、何首乌15克、龙眼肉20克，葱白、姜、料酒、盐、味精适量；做法：将瘦猪肉洗净切丁状，三味中药用纱布包好，与调料一起放入砂锅中，加清水没过料面即可，先在旺火上烧沸后，撇去污沫，改用微火煨2～3小时，至猪肉煮至烂熟，捞出药物及调料渣，便可佐餐食用；功能：补气养血。②党参熟地炖豆腐：党参、太子参、熟地黄、大枣、虾米、香菇各10克，豆腐50克，盐、味精、麻油适量；做法：先将大枣劈开去核，香菇发好切丝备用，再将太子参、党参、熟地黄、大枣加水适量，文火煮30分钟，去渣留汁；把豆腐切成小块与虾米、香菇、调料同入锅中，小火炖20分钟即成，可佐餐食用；功能：补气健脾，滋阴养血。

（2）补益保健茶　太子参是民间公认的补益药，越来越多以太子参为主组成的补益保健茶用于保健和治病，具有简便易行和疗效显著的特点。如参麦茶（《百种中药防老食谱》），组方：太子参9克、浮小麦15克、红枣20枚，具有补气生血的功效，适用于气血不足，症见病后体弱、倦怠乏力、自汗不已、纳谷不香、心悸口干、健忘失眠、舌淡苔白、脉细缓；对于缺铁性贫血、甲状腺功能减低、老年性痴呆症、慢性肾炎、放（化）疗白细胞减少属气血不足者，可用本方调理。太子参白茶，由白茶和太子参两者有机结合，是一种具有独特香味和特定保健功能的产品，既保持了白茶的抗辐射又增加了太子参的补气益脾和养阴生津的保健功能。还有参味茶（《百种中药保健食谱》）、女贞杞参茶（《巧用营养滋补药》）等。

（3）功能保健品　以太子参为配方的保健品在市场很多，最具代表性的是组方为太子参、陈皮、山药、麦芽（炒）、山楂的"江中健胃消食片"，具有健脾益气、补而不燥之功效，用于脾胃虚弱所致的食积，增强胃动力，帮助消化，增强体质，对儿童食欲不振特别有效。黄芪太子参口服液是以黄芪、白术、陈皮、麦芽、鸡内金、太子参、白砂糖、水为主要原料制成的保健食品，经功能试验证明，具有促进消化，增强免疫力的保健作用。

参考文献

[1] 周涛，康传志，黄璐琦，等. T/CACM 1021.127—2018. 中药材商品规格等级太子参[S]. 中华中医药学会，2018.

[2] 谢宗万. 中药材品种论述[M]. 上册. 上海：上海科学技术出版社，1990：84－86.

[3] 彭成. 中华道地药材[M]. 下册. 北京：中国中医药出版社，2011：3611－3626.

[4] 杨俊，王德群，姚勇，等. 野生太子参生物学特性的观察[J]. 中药材，2011，34（9）：1323－1328.

[5] 李忠，孙兴旭，潘仲萍，等. 施秉县太子参根部病害发生及综合治理[J]. 耕作与栽培，2013（2）：32－33.

[6] 龙光泉，马登慧，夏忠敏，等. 施秉县太子参主要病虫害的发生规律与防治对策[J]. 耕作与栽培，2013（2）：46，55.

[7] 司开瑜，熊朝成，李慧. 太子参主要病虫害防治技术[J]. 植物医生，2015，28（6）：14－15.

[8] 肖金华. 太子参及其伪品的鉴别[J]. 时珍国医国药，2001，12（6）：483.

天麻

本品为兰科植物天麻*Gastrodia elata* Bl.的干燥块茎。

一、植物特征

植株高30～100厘米，有时可达2米；根状茎肥厚，块茎状，椭圆形至近哑铃形，肉质，长8～12厘米，直径3～7厘米，有时更大，具较密的节，节上被许多三角状宽卵形的

a   b

图1　天麻原植物

鞘。茎直立，橙黄色、黄色、灰棕色或蓝绿色，无绿叶，下部被数枚膜质鞘（图1）。总状花序顶生，苞片膜质，花橙黄、淡黄、蓝绿或黄白色，萼片和花瓣合生成歪壶状，口部偏斜，顶端5裂；合蕊柱长5～6毫米，顶端有两个小的附属物；子房倒卵形，子房柄扭转。蒴果倒卵状椭圆形，有短梗。花期6～7月，果期长7～8月。（图2）

a   b

图2　天麻花序

二、资源分布概况

天麻主要分布于我国陕西、河北、贵州、云南、安徽、四川、湖南、吉林、辽宁、山西、甘肃、江苏、浙江、江西、河南等省区。栽培产区有贵州、云南、陕西、湖北、安徽等省，其中云南昭通、陕西汉中、湖北宜昌、安徽六安和贵州大方、德江为天麻种植的代表性主产区。滇桂黔石漠化区域的雷山、水城亦有种植栽培。

三、生长习性

天麻喜凉爽多湿和荫蔽的环境，较耐寒，最适生长温度20～25℃，湿度75%～80%。喜疏松、透气性好、富含腐殖质的砂壤土。忌连作。

四、栽培技术

1. 种植材料

生产上多用种子繁殖种麻，以0～1代健壮白头麻作为生产移栽的材料。选择个体发育完整、外观形态好、顶芽饱满、重量在100克以上的箭麻作为生产种子的母麻，于5～7月采集将裂的果实作为有性繁殖种麻的材料。

2. 选地与整地

（1）选地　栽种地气候应凉爽湿润、遮阴效果好，土壤以腐殖质丰富、疏松、pH5.5～6、排水良好的砂质壤土为好。

（2）整地　栽培对整地要求不严，砍掉地上杂物，便可

3. 播种

（1）种子生产

①种质的选择：栽培生产中主要选用红天麻和乌天麻作为栽培种源。红天麻生长快，适宜在海拔500～1500米的地区栽培。乌天麻生长较慢，耐旱力低，药材折干率高，适宜在海拔1500米以上山区栽培，是贵州高山区栽培的优质种质。

②种麻的采挖：作种的箭麻一般在11月休眠期或2月下旬至3月初天麻生长尚未萌动前采挖。选择个体发育完整、健壮、外观形态好、顶芽饱满、重量在100克以上的箭麻作为培育种子的种麻。

③种麻的贮藏：箭麻采挖后，应及时定植。但在较寒冷的地区（冬季地下5厘米处地温<0℃），可采取沙藏的方式贮藏于室内，控制好温湿度，至次年春季解冻后栽种。

④种麻定植：选择地势平坦、土质疏松、不积水的地方搭建育种棚。做宽60厘米的畦，两畦间留45～50厘米的人行道，以便授粉操作。2月底至3月上旬进行定植。将选好的箭麻定植在畦上，顶芽朝上，向着人行道。按行距15厘米，株距10厘米栽培，然后

覆土5~8厘米。

⑤定植后管理：定植后应根据土壤墒情3~5天浇水1次。温度保持在18~22℃，湿度控制在30%~80%。顶芽抽茎伸长后在芽旁插竹竿一根，防止倒伏。现蕾初期，摘除顶部的3~5朵花蕾，可提高种子产量和质量。

⑥人工授粉：授粉需在开花前1天或开花后3天内完成。选择晴天上午10时前或下午4时后进行授粉，采取同株或异株授粉均可。授粉时左手轻轻捏住花朵基部，右手用镊子慢慢取掉唇瓣或压下，使雌蕊柱头露出。从另一株花朵内取出冠状雄蕊，弃去药帽，将花粉块黏放在雌蕊的柱头上。

⑦种子采收：待天麻蒴果颜色由深变浅，手感由硬变软，果实内种子呈乳白色已散开，不再成团时即可采收。种子采收后，应立即播种，不宜贮存。

（2）有性繁殖培育种麻

①备材：大材选取直径在8~15厘米不含油性的耐腐烂、质地坚硬的阔叶树木，如白栎、板栗等（下同），锯成长30厘米的木段，平均劈成两半，或选取直径5~7厘米的白栎、板栗等树木，锯成长30厘米的木段，在木段两侧每隔5厘米左右砍一深至木质部的鱼鳞口。小材选取直径5厘米左右的白栎、板栗等树木，锯成长5~10厘米的木段；或者选取直径在6~8厘米的白栎、板栗等树木，锯成长5~10厘米的木段再平均劈成两半。栽培用蜜环菌菌种，按每瓶切成12~16块的数量切好；培养好的栽培用萌发菌菌种。

②种子播种时间：种子应在采收后的一个星期内完成播种。

③拌种：将萌发菌菌种撕碎成拇指甲大小的块，放入盆中或塑料袋内；将天麻蒴果捏开，把种子抖入干燥、洁净的矿泉水瓶中，并在瓶盖上钻一能漏下种子的小孔，按10个天麻蒴果拌种一袋萌发菌的用量把种子均匀撒播在萌发菌上，反复搅拌混匀。将混匀的天麻种子和萌发菌装入原来的菌袋内，于室温、避光条件下放置至萌发菌开始发白即可下种。

④播种方法：三下窝，选择无污染的生荒地或林下，根据地势以利于排水的方向挖宽40厘米、长60厘米、深15厘米（深度以放置的木材平地面或者稍低于地面2厘米为宜）的穴。先将表层2~3厘米的落叶、腐殖土铲开，再往下挖到适宜的深度，将挖松的泥土适当锄细，然后用箩筐装起一部分锄细的土，再挖至15厘米左右的深度，掏出穴中的全部泥土，铲平穴底。再往下挖深5厘米左右，锄细挖松的泥土，整平。如果有过多、过大的树根，要将之砍掉。在挖好的穴底以平行穴宽的方向摆放5块大材，两两木材之间的空隙以放得下蜜环菌菌种即可，每块木材两端与穴壁之间的空隙以放下蜜环菌菌种后还有少许空隙为宜。摆放木材时，以带树皮的一面朝向地面，每块木材需要敲打几下使之贴紧泥土。然后在木材之间的空隙中放置两块蜜环菌菌种，同时每块木材两端各放置一块蜜环菌菌种。用从穴中

挖出的新土盖住蜜环菌菌种、填满木材之间及其周围的空隙，但不能淹没木材。以1平方米1斤萌发菌的用量均匀地撒上拌过天麻种子的萌发菌，过程中如有成团的萌发菌块团要将其分开，然后以带树皮的一面朝下在穴中摆满一层小材。摆放小材后，将筐中的泥土均匀地倒在穴中，用锄头耙成厚3～5厘米的土层，挖穴周围的泥土将其边沿盖住，形成中间高15厘米，两边低、宽70厘米、长80厘米的小土堆，最后再覆盖一层3厘米厚的落叶。（图3）

a

b

图3　天麻有性繁殖培育种麻

⑤苗期管理：播种初期要注意防雨，遇大雨时应及时清理积水；天旱时应及时浇水，保持菌床内水分含量在65%左右；夏季温度高于30℃时应在菌床表面覆盖树叶或杂草。

⑥采挖：第二年11月下旬至第三年3月采收。采挖时先除去表层覆盖物，小心取出种麻，严防机械损伤。

⑦分级：选择色泽新鲜、无畸形、无损伤、无病虫害、无冻伤的健壮白麻块茎做种麻。各等级种麻应符合表1规定。

⑧贮藏：种麻宜随挖随栽，如需短期贮存，可用细沙土与种苗交互隔层掩盖贮藏于室内，沙温控制在5～10℃，水分控制在15%～20%。贮存期间，应及时拣去病种麻。

表1　天麻种麻质量要求

等级	长度（厘米）	直径（厘米）	单个重（克）	净度（%）
一级	≥8	≥2	8～15	≥90
二级	≥6	≥1.5	≥5.5	≥90
三级	≥4	≥1.0	≥2.5	≥90

（3）商品麻生产　①备材：种植商品麻需要准备大材、小材、栽培用蜜环菌菌种。种麻，选用有性繁殖或无性繁殖产生的0～1代白头麻作种麻，应符合种麻质量要求。以有性繁殖培育出的0代种麻种植效果好，无性繁殖培育出的1代种麻效果次之。②菌材培养：在种植商品麻前6个月开始培养菌材，以5～6月开始培养为宜。菌材培养过程中的选地、挖穴、摆放木材、摆放蜜环菌菌种及覆土等方法见上述。③播种时间：11月下旬至翌年3月。④种植方法：将已培养好的菌床上方泥土及落叶捞开，其中泥土用箩筐装好。慢慢捞至刚好露出菌材时，在每块菌材一侧紧靠菌材摆放4块小材，两两小材之间放置一个种麻，每块小材处放置一块蜜环菌菌种，并在大材上靠近蜜环菌菌种位置砍一小口，种麻摆放姿势为以其形态学上端朝上、形态学下端朝下紧靠一块小材并斜靠在大材上。摆放好种麻、蜜环菌菌种及小材后，把捞开的泥土回填于穴中，整平，盖好穴沿，再撒上一层厚3厘米的落叶即可。（图4）

a　　　　　　　　　　　　　　b

图4　商品麻生产

4. 田间管理

（1）防旱　干旱时在天麻栽种穴顶盖一层树叶或杂草，具有很好的保墒效果。

（2）防涝　雨季要开沟防涝，防止沟、池积水，以免天麻腐烂。

（3）防冻　入冬后，应在窖上覆盖厚土、树叶或薄膜，进行防冻。

（4）防高温　夏季高温时节应采取搭建遮阳棚或在种植穴上覆盖一层约10厘米厚的玉米秆、麦秆、稻草等措施进行降温。

5. 病虫害防治

天麻主要病害有霉菌病、腐烂病；虫害有蛴螬、蝼蛄、山蚂蚁等。

（1）霉菌感染　选择透气、透水性好的砂壤土地栽培；栽培时去除杂菌感染的菌材，减少污染源；加大密环菌用量，形成蜜环菌生长优势，抑制杂菌生长。

（2）腐烂病　选择完整、无破伤、无局部腐烂的种苗做种，切忌使用带病种麻；将栽种天麻的培养料进行堆积、消毒、晾晒，杀死虫卵及病菌；选地势较高，不积水，土壤疏松，透气性良好的地方栽培。

（3）日灼病　育种圃应建在树荫下或遮阳的地方；天麻花茎出土前搭建遮阴棚，并在茎秆旁插竹竿防倒伏。

（4）蚂蚁　在菌窖或麻窖周围撒放鱼藤精和细米糠拌成的毒饵，或用0.1%的鱼藤精水溶液浇灌蚁穴；对于白蚁，可在无性繁殖前用灭蚁灵或白蚁清制成诱杀毒饵，撒于种植场地，达到防杀白蚁的目的。

（5）蛴螬　在成虫发生期，用90%敌百虫晶体800倍液或50%辛硫磷乳油800倍液喷雾；或每平方米用90%敌百虫晶体0.3千克加水少量稀释后，拌细土5千克制成毒土撒施；也可利用蛴螬的趋光性，设置黑光灯诱杀成虫。

（6）蚧壳虫 栽培天麻时，不用有蚧壳虫的菌材和麻种；天麻收获时，发现蚧壳虫后，应人工捕杀消灭。

（7）蚜虫 用20%的速灭丁8000～10 000倍液喷雾；或用50%抗蚜威可湿性粉剂1000～2000倍液喷雾。

（8）蝼蛄 种植前清除杂草，布设黑灯光诱杀消灭蝼蛄；用鱼藤精拌细糠（1∶1000），或用90%的敌百虫0.15千克兑水成30倍液，加5公斤半熟麦麸，拌成毒饵诱杀。

（9）食蝇蛆 栽种天麻时，撒入1∶1的狼毒和百部草粉末可以防止食蝇蛆。

（10）跳虫 栽种天麻时，窖内用5%辛硫磷颗粒剂撒施地面或四周进行消毒；用鲜红薯切碎拌蜂蜜和速灭丁药液（1∶2000）诱杀。

（11）螨类 使用不带害螨的菌种，必要时用红白螨灵进行灭杀。

（12）鼠害 可采用物理方法捕捉。

五、采收加工

1. 采收

一般宜在11月下旬至12月前采挖。采挖时，先将地上的杂草或覆盖物清除，慢慢刨开土层，揭开菌材，将天麻从窖内小心逐个取出，严防器械损伤。（图5）

a   b

图5 天麻采收

2. 加工

（1）分级　为便于加工，根据天麻大小和重量，将待加工的天麻分成3个等级。

一等：单个重量150克以上，形态粗壮，不弯曲，椭圆形或长椭圆形，无虫伤、碰伤，黄白色，箭芽完整。

二等：单个重量75～150克，长椭圆形，部分麻体弯曲，无虫伤、碰伤，黄白色，箭芽完整。

三等：单个重量75克以下或有部分虫伤、碰伤，黄白色或有少部分褐色，允许箭芽不完整。

（2）清洗　将分好级的天麻用清水快速洗净，清洗时不刮外皮，小心保护顶芽，避免损伤。洗净的天麻应及时加工以保持新鲜的色泽和质量。

（3）蒸制　将不同等级的天麻分别放在蒸笼中蒸制，待水蒸气温度高于100℃后计时，一等麻蒸20～40分钟，二等麻蒸15～20分钟，三等麻蒸10～15分钟。蒸至无白心为度，未透或过透均不适宜。

（4）晾冷　蒸制好的天麻摊开晾冷，晾干麻体表面的水分。

（5）干燥　晾干水汽的天麻及时运往烘房，均匀平摊于竹帘或木架上。将烘房温度加热至40～50℃，烘烤3～4小时；再将烘房温度升至55～60℃，烘烤12～18小时，待麻体表面微皱。将高温烘制后的天麻集中堆放回潮12小时，待麻体表面平整。回潮后的天麻再在45～50℃条件下继续烘烤24～48小时，烘至天麻块茎五六成干后进行人工定型。重复低温烘干和回潮定型步骤，直至烘干。（图6）

图6　天麻烘干

六、药典标准

1. 药材性状

椭圆形或长条形，略扁，皱缩而稍弯曲，长3～15厘米、宽1.5～6厘米、厚0.5～2厘米。表面黄白色至黄棕色，有纵皱纹及由潜伏芽排列而成的横环纹多轮，有时可见棕褐色菌索。顶端有红棕色至深棕色鹦嘴状的芽或残留茎基；另端有圆脐形疤痕。质坚硬，不易折断，断面较平坦，黄白色至淡棕色，角质样。气微，味甘。（图7）

2cm

图7　天麻药材

2. 鉴别

（1）横切面　表皮有残留，下皮由2～3列切向延长的栓化细胞组成。皮层为10数列多角形细胞，有的含草酸钙针晶束。较老块茎皮层与下皮相接处有2～3列椭圆形厚壁细胞，木化，纹孔明显。中柱占绝大部分，有小型周韧维管束散在；薄壁细胞亦含草酸钙针晶束。

（2）粉末特征　黄白色至黄棕色。厚壁细胞椭圆形或类多角形，直径70～180微米，壁厚3～8微米，木化，纹孔明显。草酸钙针晶成束或散在，长25～75（93）微米。用甘油醋酸试液装片观察含糊化多糖类物的薄壁细胞无色，有的细胞可见长卵形、长椭圆形或类圆形颗粒，遇碘液显棕色或淡棕紫色。螺纹导管、网纹导管及环纹导管直径8～30微米。

3. 检查

（1）水分　不得过15.0%。

（2）总灰分　不得过4.5%。

（3）二氧化硫残留量　不得过400毫克/千克。

七、仓储运输

1. 仓储

药材仓储要求符合NY/T 1056—2006《绿色食品 贮藏运输准则》的规定。仓库应干燥、通风、避光和有防护设备，仓库温度不得超过25℃，相对湿度低于60%；不应与非绿色食品混放；不应和有毒、有害、有异味、易污染物品同库存放。

2. 运输

运载工具和容器应洁净、干燥、无有害残留物,有较好的通气性和有严密的防潮设备。运输、贮存过程中应防止日晒、雨淋、受潮、发热。切忌水湿雨淋,以防生霉腐败。

八、药材规格等级

根据市场流通情况,按照不同基源,将天麻药材分为"乌天麻""红天麻"两大类规格;根据不同采收时期,将"乌天麻""红天麻"各项下又细分为"冬麻"和"春麻"两种规格;根据单个重量和每公斤所含个数,将"冬麻"规格分为"一等""二等""三等""四等"四个等级,将"春麻"规格分为"统货"一个等级。应符合表2要求。

表2 规格等级划分

规格		等级	性状描述	
			共同点	区别点
乌天麻	冬麻	一等	椭圆形、卵形或宽卵形,略扁,且短、粗、扁宽、肥厚,俗称"酱瓜"形;长5～12厘米,宽2.5～6厘米,厚0.8～4厘米。表面灰黄色或黄白色。纵皱纹细小。"芝麻点"多且大;环节纹深切粗,切环节较密,一般为9～13节。"鹦哥嘴"呈红棕色或深棕色,较小。"肚脐眼"小巧,下凹明显。体重,质坚实,难折断,断面平坦,黄白色,无白心,一般无空心,角质样。气微,味回甜,久嚼有黏性	每千克16支以内,无空心、枯炕
		二等		每千克25支以内,无空心、枯炕
		三等		每千克50支以内,大小均匀,无枯炕
		四等		每千克50支以外,以及凡不合一、二、三等的碎块、空心、破损天麻均属此等
	春麻	统货	宽卵形、卵形,扁,且短,肩宽;长5～12厘米,宽2.5～6厘米,厚0.8～4厘米。多留有花茎残留基,表皮纵皱纹粗大,外皮多未去净,色灰褐,体轻,质松泡,易折断,断面常中空	
红天麻	冬麻	一等	长圆柱形或长条形,略扁,稍弯曲,肩部窄,不厚实。长6～15厘米,宽1.5～6厘米,厚0.5～2厘米。表面灰黄色或浅棕色,纵皱纹细小。"芝麻点"小且少,环节纹浅且较细,且环节较稀而多,一般为15～25节。"鹦哥嘴"呈红棕色,较肥大。"肚脐眼"较粗大,小凹明显。质坚硬,不易折断,断面较平坦,黄白色至淡棕色,角质样,一般无空心。气微苦,略甜	每千克16支以内,无空心、枯炕
		二等		每千克25支以内,无空心、枯炕
		三等		每千克50支以内,大小均匀,无枯炕
		四等		每千克50支以外,以及凡不合一、二、三等的碎块、空心、破损天麻均属此等

规格	等级	性状描述	
		共同点	区别点
红天麻	春麻	统货	长圆柱形或长条形，扁，弯曲皱缩，肩部窄，不厚实。长6～15厘米，宽1.5～6厘米，厚0.5～2厘米。多留有花茎残留基，表皮皱缩纹粗大，外皮多未去净，色黄褐色或灰褐色，体轻，质松泡，易折断，断面常中空

注：1. 天麻药材现为栽培品，野生品已经形成不了商品。

　　2. 天麻栽培品根据基原品种（变型）不同（主要为原变型红天麻和乌天麻变型，绿天麻变型在乌天麻和红天麻中有少量掺杂，其他变型极少），划分为乌天麻和红天麻两大规格；乌天麻和红天麻根据采挖时期，细分为冬麻（市场商品主流）和春麻（市场商品较少）两种规格。

九、药用食用价值

1. 临床常用

（1）肝风内动，惊痫抽搐　本品药效平和，善息风止痉，可用于各种病因之肝风内动，惊痫抽搐，不论寒热虚实，皆可配伍应用。治疗小儿急惊风，常与人参、全蝎、羚羊角、炙甘草、钩藤配伍使用；治疗风痰闭阻之癫痫发作，常与川贝母、姜半夏、茯神等同用。

（2）肝阳上亢，头风痛　本品既平肝阳，又止头痛，为治眩晕、头痛之要药。治疗肝阳上亢之眩晕、头痛，常与钩藤、生决明、山栀等配伍使用；治疗风痰上扰之眩晕、头痛，常与半夏、茯苓、橘红、白术等配伍使用。

（3）中风不遂，风湿痹痛　本品能祛外风，通经络，止痛。适用于中风偏瘫、手足不遂、肢体麻木等症。治疗风湿痹痛，肢体麻木者，常与秦艽、羌活等配伍使用。

2. 食疗及保健

（1）药膳　以天麻为主要原料加工制作的肉类、禽类、鱼类已成为药膳餐馆必备的佳肴。天麻药膳不仅营养价值高，而且可治疗多种疾病，深受广大食客的青睐。如天麻鸭、天麻炖猪脑等。①天麻鸭：天麻片30克，老母鸭1只；做法：将母鸭宰杀后，去内脏，洗净，将天麻放入鸭肚内，淋上少许黄酒，用白线在鸭身上绕几圈，扎牢，隔水蒸3～4小时，至鸭肉酥烂便可食用，每日2次，每次一碗，饭前食用，天麻分数次与鸭肉同时吃不宜过量；功能：可用于肝阳上亢引起的头昏眩、耳鸣、口苦等证的治疗。②天麻炖猪脑：天麻片10克，猪脑1个（洗净）；做法：加清水适量，放入盅内隔水炖熟即可；功能：治疗老人晕眩眼花、头风头痛及肝虚型高血压、动脉硬化的治疗，对神经衰弱和中风也有一定的治疗作用。

（2）保健品　天麻具有较高的保健价值，长期服用有益智、健脑、明目、强身、延缓衰老等作用。如天麻茶，组方：天麻片3～5克，绿茶1克，沸水冲泡，饭后热饮，对头昏目眩、耳鸣口苦、惊恐、四肢麻木、手足不遂、肢搐等重症，有较好的防治作用，兼患高血压者尤宜。

参考文献

[1] 贵州中药资源编辑委员会. 贵州中药资源[M]. 北京：中国医药科技出版社，1992.

[2] 周昌华，韦会平. 天麻栽培技术[M]. 北京：金盾出版社，2004.

[3] 徐锦堂. 中国天麻栽培学[M]. 北京：北京医科大学中国协和医科大学联合出版社，1993.

[4] 云南名特药材种植技术丛书编委会. 天麻[M]. 昆明：云南科技出版社，2013.

[5] 袁崇文. 中国天麻[M]. 贵阳：贵州科技出版社，2002.

[6] 施金谷，杨先义，余刚国，等. 大方县天麻栽培田间管理技术[J]. 南方农业，2016，10（24）：53－56.

[7] 郭兰萍，黄璐琦，谢晓亮. 道地药材特色栽培及产地加工技术规范[M]. 上海：上海科技出版社，2016：204－211.

[8] 刘大会，黄璐琦，郭兰萍，等. T/CACM 1021.9—2018. 中药材商品规格等级天麻[S]. 中华中医药学会，2018.

[9] 李梁. 天麻规范化生产标准操作规程[J]. 中国现代中药，2004，6（2）：13－16.

[10] 钟赣生. 中药学[M]. 北京：中国中医药出版社，2012：352.

续断

本品为川续断科植物川续断*Dipsacus asperoides* C. Y. Cheng et T. M. Ai的干燥根。

一、植物特征

多年生草本植物；主根1条至数条，圆柱形，黄褐色或棕褐色，稍肉质；茎中空，棱上疏生硬刺。基生叶丛生，叶片琴状羽裂，叶表面有刺毛，背面沿脉密布刺毛；茎生叶在茎之中下部为羽状深裂，中裂片披针形先端渐尖；基生叶和下部的茎生叶具长柄，向上叶柄渐短，上部叶披针形，不裂或基部3裂。头状花序球形；总苞片叶状，披针形或线形；小苞片倒卵形，先端稍平截，被短柔毛；花冠淡黄色或白色，基部狭缩成细管，顶端4裂，1裂片稍大，外面被短柔毛；雄蕊着生于花冠管上，明显超出花冠，花丝扁平，花药椭圆形，紫色；花柱通常短于雄蕊，柱头短棒状。果实为瘦果，长倒卵柱状，包藏于小总苞片内，仅顶端外露于小总苞外。花期7～9月，果期9～11月。（图1、图2）

a

b

图1　续断原植物

二、资源分布概况

分布于我国西南高原地区及三峡西北地区，集中分布于四川、贵州、云南、湖北、湖南、广西、西藏等省区。滇桂黔石漠化区域在水城、普定、镇宁、贵定、长顺、三都、屏边等地有种植。

图2　续断花序

三、生长习性

生态适应性较强，喜温暖湿润的气候，以山地气候最为适宜。耐寒，忌高温，生长在海拔900~2700米的山地草丛中。在干燥地区，夏季高温（35℃以上）、多雨或潮湿环境种植易影响产量和质量。种子萌发适宜温度为20~25℃，30℃以上高温对萌发有明显的抑制作用。

四、栽培技术

1. 种植材料

生产以有性繁殖为主。选择饱满、有光泽、无病虫害、长势整齐的成熟种子作为种植材料。

2. 选地与整地

（1）选地　选择土壤深厚、排水良好、土质疏松的砂质壤地，土壤酸碱性以中性偏酸性（pH5.5~7.0）为宜，可用山坡荒地；若为熟土，耕地宜选择前茬作物为病虫害较少的禾本科等植物。

（2）整地　3月上旬至5月上旬的晴天进行整地。每亩施入腐熟农家肥2000~3000千克，复合肥50千克作基肥，深翻土壤20~30厘米，整平耙细，根据地形做成宽1.2米，高20厘米的畦，畦间距30厘米，四周开挖排水沟。

3. 播种

播种可分春播和秋播。春播时间为2月下旬至4月上旬，秋播时间为9月下旬至10月下旬。由于种子小，播种前可将种子直接与200倍的润湿细土或草木灰混匀后播种。播种按操作分为条播和穴播：①条播：在畦面按行距20~35厘米，深3厘米进行播种，播后覆上1~1.5厘米的细土。②穴播：按行距为35~40厘米，穴深3~7厘米，穴径7~10厘米进行播种，每穴3~5粒。播种后施入人畜粪尿每亩1200千克或20千克复合肥，均匀施入穴内作底肥，上覆1~1.5厘米的细土。

4. 起苗、移栽与定植

3月下旬至5月上旬，视苗情长势进行移栽工作。移栽前一天将苗床喷透水，次日挖松苗床土，拔取较大、带4片以上真叶的健壮苗，用湿润稻草捆成每把10株。注意随起随栽，起苗后当天必须完成移栽工作，不宜放置过夜。

图3 续断定植

在整好的畦面上按行距30厘米拉绳定行，沿绳按株距30厘米打穴，穴深10～15厘米，每亩约6000穴，随后按每亩均匀施入2000千克腐熟农家肥或20千克复合肥作底肥，覆浅土，将苗放入穴中心，四周覆土压紧，每穴播1～2株苗定植。定植当天浇透水。（图3）

5. 田间管理

（1）间苗与补苗　每天查看直播地苗情，在苗长出2～3片真叶后，结合拔草进行间苗和补苗，保持每穴有2～3株健壮苗。

（2）中耕除草　一般共进行3～4次除草工作，第一次中耕除草在间苗期进行，之后的三个月内每个月进行一次除草，宜浅锄，勿伤根及茎叶。

（3）追肥　第一次追肥在5月封行前，育苗移栽在移栽苗返青恢复生长时（7～8月）进行，追肥需结合中耕除草进行操作，每亩施复合肥20千克，穴施。翌年二月进行第二次追肥，操作同第一次。

（4）抽薹去蕾　在秋播实生植物的第三年及春播翌年的抽薹时期，用锋利的镰刀自地表向上20～30厘米处割去上部。若之后发现形成侧枝并出现花蕾时，需及时摘除。

（5）种子收集　10月上旬至11月下旬倒苗前，用剪刀等锋利的器具轻轻剪下干枯的花序部分，放在簸箕上来回抖动以便收集散落的续断种子，种子4℃低温贮藏。

6. 病虫害防治

（1）根腐病　①轮作：病区实行2～3年以上轮作，选用于禾本科作物或葱、蒜类作物轮作为宜。②培育无病壮苗：选育无病的健壮苗可减轻根腐病在大田的危害。③加强田间管理：随时清除病株残体及田间杂草；增施有机肥作基肥，可提高寄主抗性和耐性，抵制根腐病菌的侵染。④农药防治：发病期，选用50%多菌灵500倍液等药剂灌根。

（2）叶褐（黑）病　加强田间管理，提高植株抗病能力。发病期选用70%代森锰锌可湿粉剂500倍液，或75%百菌液可湿性粉剂500～600倍液，或58%甲霜灵·锰锌可湿粉剂500倍液，或64%杀毒矾可湿粉剂500倍液等药剂，喷施。

（3）根结线虫病　①轮作：在条件允许地区可实行水旱地轮作1次，基本可以控制根结线虫病的危害。其余病区实行3年或3年以上轮作，一般选用禾本科等植物可减少虫源。②加强田间管理：及时清除田间残体及杂草；深耕土壤；翻晒土壤；增施有机肥作基肥提高寄主抗性和耐性。③农药防治：在播种、种植时，选用克线磷10%颗粒剂，穴施和撒施，施在根部附近的土壤中；或选用米乐尔颗粒剂，在播种前撒施并充分与土壤混合，每亩用量4～6千克。在田间初发病时：选用克线磷10%颗粒剂，沟施、穴施和撒施，每亩用量2～3千克，或50%辛硫磷乳油800倍液，或1.8%阿维菌素乳油300～400倍液，喷灌土壤，每亩用量1.5～3.0千克。

（4）地老虎　①毒饵诱杀虫害：配制方法有三种。其一，麦麸毒饵：麦麸20～25千克，压碎、过筛成粉状，炒香后均匀拌入0.5千克的40%辛硫磷乳油，农药可用清水稀释后喷入搅拌，以麦麸粉湿润为好，然后按每亩用量4～5千克撒在幼苗周围；其二，青草毒饵：青草切碎，每50千克加入农药0.3～0.5千克，拌匀后呈小堆状撒在幼苗周围，每亩用毒草20千克；其三，油渣毒饵：油渣炒香后，用90%敌百虫拌匀，撒在幼苗周围。②利用黑光灯诱杀成虫。③农药防治：在地老虎1～3龄幼虫期，采用48%地蛆灵乳油1500倍液、48%乐斯本乳油、2.5%劲彪乳油200倍液、10%高效灭百可乳油1500倍液、21%增效氰·马乳油3000倍液、2.5%溴氰菊酯乳油1500倍液、20%氰戊菊酯乳油1500倍液、20%菊·马乳油1500倍液、10%溴·马乳油2000倍液等，地表喷施。

五、采收加工

1. 采收

（1）采收期　春播在第二年收获，秋播在第三年收获，采收时间为秋季倒苗后，过早或过迟均影响药材品质。

（2）采挖　从植株地上倒苗枯萎部分判断地下根的位置，用五齿钉耙等农用工具沿厢横切面往下深挖，深度40～60厘米，小心翻挖出续断根，剥除泥土，收集后装入清洁竹筐内或透气编织袋中。

（3）清洗及处理　清水浸泡片刻后搓洗，淘去泥土并沥干水，去除芦头、尾梢及须根，挑选分级。

2. 加工

将分级后的根条置于60℃的烘箱中烘烤至半干时，集中堆放，用麻袋或干燥稻草覆盖，使之发汗变软至内心变为墨绿色时取出再烘干。加工时不宜日晒，否则变硬，色白，质量变硬。

六、药典标准

1. 药材性状

圆柱形，略扁，有的微弯曲，长5～15厘米，直径0.5～2厘米。表面灰褐色或黄褐色，有稍扭曲或明显扭曲的纵皱及沟纹，可见横列的皮孔样斑痕和少数须根痕。质软，久置后变硬，易折断，断面不平坦，皮部墨绿色或棕色，外缘褐色或淡褐色，木部黄褐色，导管束呈放射状排列。气微香，味苦、微甜而后涩。（图4）

2cm

图4　续断药材

2. 鉴别

（1）横切面　木栓细胞数列。栓内层较窄。韧皮部筛管群稀疏散在。形成层环明显或不甚明显。木质部射线宽广，导管近形成层处分布较密，向内渐稀少，常单个散在或2～4个相聚。髓部小，细根多无髓。薄壁细胞含草酸钙簇晶。

（2）粉末特征　呈黄棕色。草酸钙簇晶甚多，直径15～50微米，散在或存在于皱缩的薄壁细胞中，有时数个排列成紧密的条状。纺锤形薄壁细胞壁稍厚，有斜向交错的细纹理。具缘纹孔导管和网纹导管直径约至72（90）微米，木栓细胞淡棕色，表面观类长方形、类方形、多角形或长多角形，壁薄。

3. 检查

（1）水分　不得过10.0%。

（2）总灰分　不得过12.0%。

（3）酸不溶性灰分　不得过3.0%。

4. 浸出物

不得少于45.0%。

七、仓储运输

1. 仓储

药材仓储要求符合NY/T 1056—2006《绿色食品 贮藏运输准则》的规定。库房应无污染、避光、通风、阴凉、干燥，堆放药材的地面应铺垫有高10厘米左右的木架，并具备温度计、防火防盗及防鼠、虫、禽畜等设施。药材不应和有毒、有害、有异味、易污染物品同库存放，同时，随时做好记录及定期、不定期检查等仓储管理工作。

2. 运输

运输车辆的卫生合格，透气性好，温度16～20℃，湿度不高于30%，具备防暑防晒、防雨、防潮、防火等设备，符合装卸要求；进行批量运输时应不与其他有毒、有害、易串味物质混装。

八、药材规格等级

根据市场流通情况，按照根的长度、中部直径等进行等级划分，将续断药材分为"选货"和"统货"两个等级；"选货"根据长度、中部直径等进行等级划分，应符合表1要求。

表1　规格等级划分

等级		性状描述	
		共同点	区别点
选货	大选	呈圆柱形，略扁，有的微弯曲。表面灰褐色或黄褐色，有稍扭曲或明显扭曲的纵皱及沟纹，可见横列的皮孔样斑痕和少数须根痕。质软，久置后变硬，易折断，断面不平坦，皮部外缘褐色或淡褐色，木部黄褐色，异型维管束呈放射状排列。气微香，味苦、微甜而后涩	长8～15厘米，中部直径＞1.2～2.0厘米，断面皮部墨绿色
	小选		长8～15里面，中部直径≥0.8～1.2厘米，断面皮部浅绿色或棕色
统货			长5～15厘米，中部直径0.5～2.0厘米，断面皮部墨绿色、浅绿色或棕色

注：当前市场续断药材有部分根未完全去除根头或直接干燥未堆置发汗，不符合《中国药典》的规定。

九、药用价值

（1）肝肾不足、筋骨不健　本品甘以补虚，温以助阳，有补益肝肾，强壮筋骨之功，常用于治肝肾亏虚，腰膝酸软，下肢痿软。治疗肝肾不足，与萆薢、杜仲、牛膝等同用。此外，本品亦可配伍用于肾阳虚所致的阳痿不举、遗精滑精、遗尿尿频等，且伴有腰膝酸软、下肢痿软者为宜，多作辅助药使用。

（2）跌打损伤、瘀肿疼痛、筋伤骨折　本品辛行苦泄温通，能活血通络，续筋疗伤，为伤科常用药。治跌打损伤，瘀血肿痛，筋骨折伤，常用桃仁、红花、穿山甲、苏木等配伍使用；治疗脚膝折损愈合后失补，筋缩疼痛，与木瓜、当归、黄芪等同用。

（3）胎动不安、崩漏下血、滑胎　本品补益肝肾，调理冲任，有固经安胎之功，可用于肝肾不足，崩漏下血，胎动不安等证。

参考文献

[1] 肖承鸿，周涛，江维克，等. T/CACM 1021.138—2018. 中药材商品规格等级续断[S]. 中华中医药学会，2018.

[2] 魏升华，王新村，冉懋雄，等. 地道特色药材续断[M]. 贵州：贵州科技出版社，2014：84-86.

[3] 彭成. 中华道地药材[M]. 下册. 北京：中国中医药出版社，2011：4095-4105.

本品为玄参科植物玄参*Scrophularia ningpoensis* Hemsl.的干燥根。

一、植物特征

高大草本，可达1米。支根数条，纺锤形或胡萝卜状膨大。茎四棱形，无毛或多少有白色卷毛，常分枝。叶在茎下部多对生而具柄，上部的有时互生而柄极短，叶片多变化，多为卵形，基部楔形、圆形。花序为疏散的大圆锥花序，由聚伞圆锥花序合成；花褐紫色；花冠筒稍球形，上唇长于下唇，下唇裂片稍卵形，中裂片稍短；雄蕊稍短于下唇，花丝肥厚，退化雄蕊大而近于圆形。果实卵圆形。花期6～10月，果期9～11月。（图1）

图1　玄参原植物

二、资源分布概况

资源分布较广，主要有河北、河南、山西、陕西、浙江、广东、贵州、四川等省区。滇桂黔石漠化区域在贵州省的瓮安、雷山等县有种植。

三、生长习性

玄参喜湿润温和气候，抗旱力强。一般土地均可栽培，以土层深厚，排水良好，腐殖质多的砂质壤土为佳。地下部分有多数肥壮的越冬芽，具有较强的繁殖能力，称为"子芽"或"芽头"，是主要繁殖材料。

四、栽培技术

1. 种植材料

生产上主要有分株繁殖和扦插繁殖。分株繁殖以健壮、无病虫害、长势良好的根茎为佳。扦插繁殖挑选生长健壮且开始木质化的嫩枝为插条。

2. 选地与整地

（1）选地　种植地通常以背风向阳、稍有斜坡的地势为佳。要求为土层深厚、肥沃疏松、排水性良好的砂质壤土。病虫害较多，宜与禾谷类作物轮作，不宜与白术、地黄、乌头及豆科、茄科等易罹患白绢病的作物轮作。

（2）整地　深耕前施足底肥。每亩施有机肥2000～2500千克或复合肥150～200千克作基肥，土壤整平耙细，做成宽约1.3米高畦，四周具排水沟。

3. 播种

（1）子芽繁殖　11月采挖，从芦头上掰子芽头作种栽。选好芽头，若随挖随栽，用50%多菌灵可湿性粉剂500倍液（或胂·锌·福美双1000倍液）浸种消毒3～6小时，若暂不栽种，可挖坑贮藏，于第二年3月上中旬栽种。坑深为30～50厘米，大小视种量而定，坑底整平，先铺10厘米厚的细沙，将掰下的子芽置室内晾1～2天，再放入坑中，盖土厚约10厘米，使呈龟背形。要求坑的地势高、干燥、排水良好。根据降温情况，逐步加土或覆盖柴草，防止子芽受冻。在贮藏期要经常检查，及时剔除霉烂、发芽、发根的芽头。每坑贮藏子芽100～150千克为宜。坑的四周挖好排水沟。栽种时，按行距30～40厘米、株距25～30厘米挖穴，穴深10厘米。每穴栽芽头1个，芽头向上，覆土与畦面平，浇透水，畦面用农膜或稻草覆盖，一个月左右出苗。

（2）分株繁殖　种植后翌年春季，在根茎处会萌生幼苗。5月苗高30～45厘米时，每穴留壮苗2株，其余均可进行分株栽种。分株时，用手握住植株茎基部，植株从根茎处脆断，带有须根，剪去嫩梢，栽植。分株后，于5月中旬的阴雨天栽种，按行株距25厘米×25厘米挖穴，每穴栽1株，斜栽于穴内，先用土栽稳，施入拌有人畜粪尿的火烧土或堆肥，再覆土与畦面平。

（3）宿根分离繁殖　秋季收获时，挖出簇生块根，分离成带1～2个芽的块根作为种栽。块根立即栽种或贮藏至翌年春季栽种，按行株距25厘米×25厘米挖穴栽种，每穴栽1～2个。每平方米用块根0.22～0.45千克。

（4）扦插繁殖　植株生长为7月，这时采其嫩枝作插条。嫩枝扦插应于清晨随采随插。削平插条基部，保留6～8片叶，用湿毛保湿置阴凉干燥处，用0.02%生根粉溶液浸泡插条下端约20分钟后扦插，按行株距35厘米×25厘米扦插，扦插深度为插条长度的1/2～2/3。淋透水，遮阳，勤浇水保湿，1个月左右便可生根。

4. 田间管理

（1）苗期　进行2～3次间苗，当苗高5～6厘米时，按株距25厘米定苗。补苗和间苗应同时进行，从间苗中选生长健壮的幼苗进行栽培，并浇足水。

（2）中耕除草　4月中旬至6月中旬进行3～4次中耕除草，中耕不宜过深。

（3）施肥　定植后，第一年结合中耕除草进行追肥，前1～2次施腐熟的农家肥，用量2000～2500千克/每亩。秋末，每亩施用过磷酸钙10～12.5千克，拌堆肥2000千克，挖穴施于根旁。翌年4月，初萌芽期及5、6月下旬，中耕除草后，施腐熟的农家肥1次，2500～3000千克/每亩。

（4）水分管理　耐干旱，一般不需浇水，但过于干旱时须浇水，保持土壤湿润。多雨时及时排水，减少烂根。

（5）培土　在第3次追肥后，将畦沟中的泥土铲起壅于植株旁边。

（6）除萌打顶　翌年3月下旬，根际萌发较多幼苗时，除预备分株繁殖用苗外，每穴留壮苗2株，其余打顶。开花时摘除花序。

5. 病虫害防治

（1）叶斑病　发病初期用1∶1∶100的波尔多液喷洒，6～7天喷雾1次，连续喷雾2～3次；收获后集中烧毁枯枝落叶及杂草。

（2）白绢病　与禾本科作物轮作；及时排水，通风透光；及时清除病株，去掉病穴土壤；发生期用50%多菌灵可湿性粉剂800倍液淋灌病株及其周围的健康植株。

（3）斑枯病　收获时集中烧毁或深埋病株，消灭越冬病原菌；发病初期用1∶1∶100波尔多液（或65%代森锌400～500倍液）喷雾，每隔7～10天喷施1次，连续2～3次。

（4）红蜘蛛　发病初期用40%乐果乳油2000倍液（或用0.2∶0.3波美度石硫合剂）喷

雾，每隔5～7天喷1次，连续2～3次。

（5）蜗牛　在清晨进行人工捕捉；5月蜗牛产卵盛期及时中耕除草，使卵粒暴露，并消灭卵粒；喷洒1%石灰水。

（6）蟓象　收获时清除残枝枯叶，杀灭越冬的成虫或幼虫；用10%杀灭菊酯乳油2000～3000倍液喷雾。

五、采收加工

1. 采收

（1）采收时间　栽种当年的10～11月，当地上部分枯萎时采挖。

（2）采收方法　立冬前后茎叶枯萎时，及时割去地上茎叶，挖松植株周围泥土，拔起并抖去泥土，先掰下子芽，后切下块根。

2. 加工

分开根茎和块根，将作药用的块根摊放在晒场翻晒，晚上盖好，避免霜冻造成根部空心。晒4～6天呈半干状态时，将修剪的芦头和须根堆积起来，4～5天后再晒。反复摊晒，直至内部全黑为止。若遇阴雨天，还可烘干，烘烤的温度一般控制在40～50℃，上灶前必须为四五成干。

六、药典标准

1. 药材性状

类圆柱形，中间略粗或上粗下细，有的微弯曲，长6～20厘米，直径1～3厘米。表面灰黄色或灰褐色，有不规则的纵沟、横长皮孔样突起和稀疏的横裂纹和须根痕。质坚实，不易折断，断面黑色，微有光泽。气特异似焦糖，味甘、微苦。（图2）

5cm

图2　玄参药材

2. 鉴别

皮层较宽，石细胞单个散在或2～5个成群，多角形、类圆形或类方形，壁较厚，层纹明显。韧皮射线多裂隙，形成层成环。木质部射线宽广，亦多裂隙；导管少数，类多角形，直径约至113微米，伴有木纤维。薄壁细胞含核状物。

3. 检查

（1）水分　不得过16.0%。

（2）总灰分　不得过5.0%。

（3）酸不溶性灰分　不得过2.0%。

4. 浸出物

不得少于60.0%。

七、仓储运输

1. 仓储

用麻袋包装。要求仓库洁净干燥，温度在30℃以下，相对湿度为70%～75%，应保持通风干燥，忌与藜芦混存。仓储适宜含水量为12%～15%。定期检查，发现轻度霉变和虫蛀，及时晾晒或翻垛；虫情严重时，用磷化铝等药物熏杀。

2. 运输

长途运输时，应用通风、透气性好的包装材料进行包装，堆压不能过紧，装车后应及时启运，并有防晒、防淋措施。跨省运输前还应检疫。

八、药材规格等级

根据市场流通情况，将玄参药材分为"统货"和"选货"；在"选货"项下，根据每千克所含的支数划分等级，分为"一等""二等"和"三等"三个等级。应符合表1要求。

表1 规格等级划分

等级		性状描述	
		共同点	区别点
选货	一等	呈类纺锤形或长条形。表面灰黄色或灰褐色，有纵纹及抽沟。质坚实。断面黑色，微有光泽。气特异似焦糖，味甘、微苦	每千克≤36支，支头均匀。无空泡
	二等		每千克≤72支。无空泡
	三等		每千克>2支，个头最小在5克以上。间有破块
统货		呈类纺锤形或长条形。表面灰黄色或灰褐色，有纵纹及抽沟。质坚实。断面黑色，微有光泽。气特异似焦糖，味甘、微苦	

九、药用食用价值

1. 临床常用

（1）温热病热入营血证 玄参性味苦咸而寒，亦善清热凉血，并可泄热解毒。治温热病热入营血，身热口干，神昏舌绛，常与清营凉血之地黄、黄连、连翘等同用。若热入心包，神昏谵语，常与清心泻火之莲子心、竹叶卷心等同用。治温热病气血两燔，身发斑疹，常配伍清气分热药以气血两清，与石膏、知母等同用。

（2）诸热病、疮痈肿毒 玄参为咸寒之品，质润多液，配鲜生地黄、丹皮、赤芍等，具清热凉血之效；配生地黄、麦冬等，具滋阴增液之效；配牛蒡子、板蓝根等，具解毒利咽之效；配生地黄、石决明、密蒙花、蝉蜕等，具明目退翳之效；配牡蛎、贝母、夏枯草等，具散结消瘰之效；配金银花、当归、甘草，具解毒消肿之效。

（3）肾阴亏虚 滋养肾阴的功效与地黄相近，故两药常配合同用。但玄参苦泄滑肠而通便，泻火解毒而利咽，临床应用范围较为广泛，一般不作长服的滋补之剂；地黄则功专补肾养阴，可作为久用的滋阴药品。

（4）劳嗽咯血，阴虚发热，消渴便秘 能滋阴降火、生津润燥。治阴虚劳嗽咯血常配伍润肺止咳之百合、川贝母等。治阴虚发热，骨蒸劳热，与清虚热，退骨蒸之知母、地骨皮等同用。治内热消渴，可配伍养阴生津之麦冬、五味子等。治津伤便秘，常与增水行舟之地黄、麦冬同用。

2. 食疗及保健

（1）功能保健品 具有清热凉血，滋阴降火，解毒散结的功效，为多数保健品配方主药，如与百合、熟地黄、生地黄、当归、白芍、甘草、桔梗同用，可滋肾保肺，止咳化痰；与细生地、生甘草、人参、生大黄、芒硝等同用，可泄热通便，滋阴益气；与麦冬、细生地同用，可增液润燥。

（2）补益保健膳食　玄参是一种保健功效非常突出的食材，可以做成很多的保健药膳方。取玄参水煎液，再加大米煮粥，待熟时调入白糖煎煮，可营养滋补，凉血滋阴，解毒软坚，适用于温热病热入营血所致的烦热口渴，夜寐不安，神昏谵语，发斑及咽喉肿痛、疮痈肿毒等症。

（3）补益保健茶　用开水冲泡玄参、绿茶同饮，可滋阴降火，除烦，解毒，用于热病烦渴、便秘、自汗盗汗、咽喉肿痛、痈肿、皮肤炎等症；用开水冲泡玄参、余甘子、麦冬、冰糖同饮，可清热生津，利咽，适合慢性咽炎患者服用；用开水冲泡玄参、大青叶、绿茶同饮，可清热凉血，养阴解毒，用于乳蛾肿痛，感冒发热，腮腺炎；开水冲泡玄参、麦冬、桔梗、甘草粗末代茶饮，有润肺生津、止咳化痰的功效，适用于肺阴不足、喉痒干咳无痰、口渴咽干等；煎煮金银花、玄参、桔梗、生甘草，并加入薄荷，取药液服用，可清热解毒，利咽消肿，用于肺火旺盛导致的咽痛喑哑。

参考文献

[1]　李娟，黄璐琦，郭兰萍，等. T/CACM 1021.40—2018. 中药材商品规格等级玄参[S]. 中华中医药学会，2018.

[2]　贵州省中药研究所. 贵州中药资源[M]. 北京：中国医药科技出版社，1992：830.

[3]　何顺志，徐文芬. 贵州中草药资源研究[M]. 贵州：贵州科技出版社，2007：602.

[4]　张廷模. 临床中药学[M]. 上海科学技术出版社，2012：119.

[5]　刘婧，刘红，何腾兵，等. 贵州道真玄参及土壤重金属的安全评价[J]. 贵州农业科学，2014，42（2）：95–99.

[6]　蒋允贤. 玄参栽培管理技术[J]. 中国中药杂志，1988，13（5）：17–18.

[7]　徐天禄，陈谦海. 贵州玄参科的一引新记录种及其生态地理分布的特点[J]. 广西植物，2001，21（1）：32–34.

[8]　张家春，林绍霞，张清海，等. 玄参生物学特性及GAP栽培技术研究[J]. 耕作与栽培，2013，31（2）：56–58.

[9]　魏斌，蒋笑丽，章建红，等. 玄参药理作用及栽培加工技术研究进展[J]. 安徽农业科学，2017，45（28）：127–128.

益母草
yi mu cao

本品为唇形科植物益母草*Leonurus japonicus* Houtt.的新鲜或干燥地上部分。

一、植物特征

一年生或二年生草本。茎直立，钝四棱形，上有微槽和倒向糙伏毛，多分枝。茎下部叶轮廓为卵形，基部宽楔形，上面绿色，有糙伏毛，叶脉稍下陷，下面淡绿色，被疏柔毛及腺点，叶脉突出，叶柄纤细；茎中部叶轮廓为菱形，较小，通常分裂成3个或偶有多个长圆状线形的裂片。轮伞花序腋生；小苞片刺状，向上伸出，基部略弯曲，比萼筒短；花萼管状钟形，5齿，齿均宽三角形；花冠粉红至淡紫红色，冠筒等大，冠檐二唇形，上唇直伸，长圆形，全缘，下唇略短于上唇，中裂片倒心形；雄蕊4，均延伸至上唇片之下，前对较长，花丝丝状，扁平，疏被鳞状毛，花药卵圆形，二室；花柱丝状，略超出于雄蕊而与上唇片等长，无毛；子房褐色。小坚果长圆状三棱形，淡褐色，光滑。花期通常在6～9月，果期9～10月。（图1）

图1　益母草花序

二、资源分布概况

全国各地广泛分布。滇桂黔石漠化区域野生蕴藏量较大，仍是药材主要来源，人工种植主要在贵州修文县、平坝区、西秀区；云南广南县等区域。

三、生长习性

喜温暖湿润气候，海拔在1000米以下的地区均可栽培，要求疏松、富含腐殖质的土壤，以向阳、肥沃、排水良好的砂质壤土栽培为宜，在阳光充足的条件下生长良好，适宜温度22～30℃，15℃以下生长缓慢，0℃以下会受害，-3℃以下会冻伤，35℃以上的高温生长良好。

四、栽培技术

1. 种植材料

采用种子直播繁殖或育苗移栽。5月上旬，选择生长良好、无病虫害的植株留种，种子充分成熟后，割下果穗运回，放置一处，经过4～5天，再日晒脱粒，风选干净，低温贮藏备用。

2. 选地与整地

（1）选地 选择向阳、土层深厚、富含腐殖质的土壤或排水良好的砂质土壤。

（2）整地 播种前整地，要求耕层耙平整细。播种前每亩施堆肥或腐熟厩肥2000千克、复合肥（15：15：15）50千克作基肥，深耕约30厘米，耙细整平，做宽1～1.2米、高15～20厘米的畦，畦间挖排水沟。穴播者可不整畦，但也要根据地势，因地制宜开好排水沟。

3. 播种

（1）播种时间 春播、秋播均可。春播以2月下旬至3月上旬为宜。在低温地区多采取秋播，以9月下旬至10月上旬土壤湿润时为宜，第二年3～4月发芽。秋播播种期的选择，直接关系到产品的产量和质量，过早易受蚜虫侵害。过迟则受气温低和土壤干燥等影响，致使当年不能发芽，翌年春分至清明才能发芽，且发芽不整、不齐，多不能抽薹开花。

（2）播种方法 ①条播：每亩播种量1千克。开3～5厘米深的浅沟，行距约30厘米，种子拌入适量细干土或草木灰均匀撒入浅沟内；②穴播：按行、株距25厘米开穴，然后将种子撒入穴内。播种后覆土6～10毫米，略加镇压、浇水。

4. 田间管理

（1）松土间苗　播种后需保持土壤湿润。播后10～14天出苗，幼苗出土后浅锄，保持土壤疏松。第一次间苗在苗高1厘米左右时，疏去生长过密和弱小的苗，使幼苗不致过于拥挤而影响生长，结合浅耕除草进行。第二次间苗，在苗高5厘米左右时进行，疏去过密、弱小和有病虫的幼苗，结合中耕除草进行。第三次间苗，即定苗，在苗高10厘米左右时进行，定行距为20～30厘米，株距为8～12厘米，结合中耕除草进行。补苗、间苗时，发现有缺苗、死苗和过稀的地方要及时在阴天进行补苗。

（2）中耕除草与追肥　定苗后除草，并适当培土以防倒苗。一般除草3～4次，中耕宜浅。第一次中耕除草，结合第一次间苗进行，要求中耕浅，约3～4厘米，除净杂草。第二次中耕除草，结合第二次间苗进行，中耕约5～6厘米，除净杂草。第三次中耕除草，结合第三次间苗进行，中耕5～6厘米，同时培土2～3厘米，除净杂草。每次中耕除草后，要追肥一次，促进益母草苗生长，以施氮肥为佳，用尿素、硫酸铵、饼肥均可，饼肥用水腐熟透加水稀释后再施用。忌肥料过浓伤苗，雨季注意适时排水。

5. 病虫害防治

（1）菌核病　选地时坚持水旱地轮作，以跟禾本作物轮作为宜，发现病毒侵蚀时，及时铲除病土，并撒生石灰粉，同时用70%甲基托布津可湿性粉剂或40%菌核净可湿性粉剂1500倍液防治。

（2）白粉病　用可湿性甲基托布津50%粉剂1000～1200倍液或80单位庆丰霉素连续喷洒2～4次。

（3）锈病　发病初期喷洒300～400倍敌锈钠液或0.2～0.3波美度石硫合剂，每隔10天左右喷洒一次。

（4）蚜虫　用烟草∶石灰∶水（1∶1∶10）溶液或2000倍40%乐果乳油液喷杀。

（5）地老虎　在早晨捕杀或用毒饵毒杀。

五、采收加工

1. 采收

鲜品在春季幼苗期至初夏花前期采割。童子益母草为在夏季益母草未抽薹时收割的基生叶；益母草为在夏季益母草茎叶茂盛、花未开或初开时采割的地上部分；茺蔚子采收时间稍晚，于中秋前后进行，当种子开始转黄时，割下果穗，运回晾晒场地。

2. 加工

鲜品割回保存即可；童子益母草和益母草为干品，童子益母草可烘干或晒干，益母草则在采割后及时直接晒干或切段晒干或烘干，在干燥过程中避免堆积和雨淋受潮，以防其发酵或叶片变黄，影响质量。茺蔚子在田间初步脱粒后，将果穗运回场地后放置4～5天进一步干燥，晾晒后翻打脱粒，筛去叶片粗渣，风扬干净后晒干装袋。

六、药典标准

1. 药材性状

（1）鲜益母草　幼苗期无茎，基生叶圆心形，5～9浅裂，每裂片有2～3钝齿。花前期茎呈方柱形，上部多分枝，四面凹下成纵沟，长30～60厘米，直径0.2～0.5厘米；表面青绿色；质鲜嫩，断面中部有髓。叶交互对生，有柄；叶片青绿色，质鲜嫩，揉之有汁；下部茎生叶掌状3裂，上部叶羽状深裂或浅裂成3片，裂片全缘或具少数锯齿。气微，味微苦。

图2　益母草药材

（2）干益母草　茎表面灰绿色或黄绿色；体轻，质韧，断面中部有髓。叶片灰绿色，多皱缩、破碎，易脱落。轮伞花序腋生，小花淡紫色，花萼筒状，花冠二唇形。切段者长约2厘米。（图2）

（3）茺蔚子　三棱形，长2～3毫米，宽约1.5毫米。表面灰棕色至灰褐色，有深色斑点，一端稍宽，平截状，另一端渐窄而钝尖。果皮薄，子叶类白色，富油性。气微，味苦。（图3）

图3　茺蔚子药材

2. 鉴别

（1）益母草　表皮细胞外被角质层，有茸毛；腺鳞头部4、6细胞或8细胞，柄单细胞；非腺毛1～4细胞。下皮厚角细胞在棱角处较多。皮层为数列薄壁细胞；内皮层明显。中柱鞘纤维束微木化。韧皮部较窄。木质部在棱角处较发达。髓部薄壁细胞较大。薄壁细胞含细小草酸钙针晶和小方晶。鲜品近表皮部分皮层薄壁细胞含叶绿体。

（2）茺蔚子　本品粉末黄棕色至深棕色。外果皮细胞横断面观略径向延长，长度不一，形成多数隆起的脊，脊中央为黄色网纹细胞，壁非木化；表面观类多角形，有条状角质纹理，网纹细胞具条状增厚壁。内果皮厚壁细胞断面观略切向延长，内壁极厚，外壁薄，胞腔偏靠外侧，内含草酸钙方晶；表面观呈星状或细胞界限不明显，方晶明显。中果皮细胞表面观类多角形，壁薄，细波状弯曲。种皮表皮细胞类方形，壁稍厚，略波状弯曲，胞腔内含淡黄棕色物。内胚乳细胞含脂肪油滴和糊粉粒。

3. 检查

（1）水分　干益母草不得过13.0%，茺蔚子不得过7.0%。

（2）总灰分　干益母草不得过11.0%，茺蔚子不得过10.0%。

4. 浸出物

干益母草不得少于15.0%；茺蔚子不得少于17.0%。

七、仓储运输

1. 仓储

贮藏仓库要求地面、墙体、门窗、隔热、通风、防虫、防鼠、防盗等应符合SB/T 11095—2014《中药材仓库技术规范》、SB/T 11094—2014《中药材仓储管理规范》要求。仓库应具有防潮、防压、防虫、防鼠、防鸟的功能；要定期清理、消毒和通风换气，保持洁净卫生；不应和有毒、有害、有异味、易污染物品同库存放；在保管期间应避免益母草受潮发霉变黑和防止受压破碎造成损失，且贮存期不宜过长，过长易变色。

2. 运输

运输车辆的卫生合格，具备防雨、防潮、防火等设备，符合装卸要求；进行批量运输时应不与有毒、有害、易串味物质混装。

八、药材规格等级

鲜益母草与茺蔚子均为统货，不分规格等级，干益母草分"选货"与"统货"两个等级。应符合表1要求。

表1　规格等级划分

等级	性状描述	
	共同点	区别点
选货	茎方形，表面灰绿色或黄绿色；体轻，质韧，断面中部有髓。叶片灰绿色，多皱缩、破碎，易脱落。轮伞花序腋生，小花淡紫色，花萼筒状，花冠二唇形。切段者，长约2厘米。气微，味微苦	茎灰绿色，花序少。叶多；杂质不得过1%
统货		表面灰绿色或黄绿色；杂质不得过3%

注： 1. 目前市场有部分益母草药材在开花后期采收，花序已枯黄，不符合《中国药典》规定，因此不列入本次标准的制定。

2.《中国药典》2015年版收载有鲜益母草药材，目前在各大药材市场和产地未见鲜益母草商品药材流通，因此本部分未制定鲜益母草商品规格等级。

3. 童子益母草为益母草的干燥基生叶，收载于《甘肃省中药材标准》等地方标准，为幼苗期益母草，应注意和本部分所列未开花益母草药材区别。

九、药用价值

1. 血瘀证

治瘀血阻滞的痛经、经行不畅、经闭、产后恶露不尽等，可单用熬膏服，如益母草膏；亦可与当归、川芎、赤芍等配伍，如益母丸；治跌打损伤，瘀血肿痛，可与川芎、当归、乳香、没药等配伍，内服、外敷均可。

2. 水肿

小便不利、水瘀互结之水肿，既可单用，又可与白茅根、泽兰等配伍。

3. 疮痈肿毒、皮肤痒疹

治疮痈肿毒，皮肤痒疹，可单用鲜品捣敷或煎汤外洗亦可与黄柏、苦参、蒲公英等煎汤内服。

参考文献

[1] 周先建，黄璐琦，郭兰萍，等. T/CACM 1021.168—2018. 中药材商品规格等级益母草[S]. 中华中医药学会，2019.

[2] 孙庆文，江维克. 贵州中药资源普查重点品种识别手册[M]. 贵阳：贵州科技出版社，2014.

[3] 徐建中，王志安，俞旭平，等. 益母草GAP栽培技术研究[J]. 现代中药研究与实践，2006（4）：8-11.

[4] 刘胜春. 益母草及其伪品灰菜的鉴别[J]. 世界最新医学信息文摘，2015（44）：93.

[5] 李勉，高建，付素珍，等. 茺蔚子的伪品鉴别[J]. 开封医专学报，1996（2）：28-30.

[6] 谢志民，王敏春，姜谋志. 益母草混淆品夏至草的生药鉴别[J]. 中药材，1996（3）：122-125.

薏苡仁

本品为禾本科植物薏苡*Coix lacryma-jobi* L. var. *ma-yuen*（Roman.）Stapf的干燥成熟种仁。

一、植物特征

一年生或多年生草本。须根黄白色，海绵质。秆直立丛生，具10多节，节多分枝。叶鞘短于其节间，无毛；叶舌质硬；叶片线状披针形，开展，基部圆形或近心形，中脉粗厚，于背面凸起，边缘粗糙，通常无毛。总状花序腋生成束，直立或下垂，具长梗；雌小穗位于花序下部，外面包以骨质念珠状的总苞，总苞卵圆形，坚硬，有光泽；

能育小穗第1颖下部膜质，上部厚纸质，先端钝，第2颖舟形，被包于第1颖中；第2外稃短于第1外稃，内稃与外稃相似而较小；雄蕊3，退化。颖果外包坚硬的总苞，卵形或卵状球形。花 期7～9月， 果 期9～10月。（图1）

图1　薏苡植物

二、资源分布概况

主要分布于贵州、云南、广西、福建、浙江、湖南、台湾等省区，其他省区也有零星分布，其中以贵州、云南、广西、福建的种植规模最大。滇桂黔石漠化种植区域兴仁是薏苡种植的代表性产区之一，紫云、晴隆、平坝、册亨、天柱等地亦有种植。

三、生长习性

薏苡喜温暖而潮湿气候，海拔1200米以下的平地或坡向地均可栽培，尤宜在地势向阳，便于灌溉之处。土壤以肥沃潮湿、中性或微酸性、保水性能良好的黏质壤土最为适宜。在过于疏松肥沃的砂壤土生长，茎叶茂盛，但夏、秋间却常易倒伏，而且易使茎叶徒长，反而结实不多。

四、栽培技术

1. 种植材料

采用种子繁殖。选择黑色、有光泽、成熟饱满且无病虫害的种子作为种植材料。

2. 选地与整地

（1）选地　选择地形开阔、光照充足、肥沃或黏壤土地块进行种植。前茬作物宜种豆科、十字花科及根茎类的作物。不宜连作，一般情况与禾本科植物进行轮作。

（2）整地　秋季翻耕，翻耕前每亩施有机肥4500～7500千克，春季播种前翻耕2次，整平作畦。

3. 播种

（1）种子处理　为了促进种子的萌发和预防黑穗病，播种前要进行种子处理。处理方法有：用波尔多液或5%石灰水浸泡24小时，取出用清水冲洗即可播种；用60℃水浸种30分钟后即可播种；将种子装在箩筐或布袋里浸水1～2天，然后置于热水中烫种5～6秒，立即取出并放入冷水降温，捞出晾干后即可播种；用0.4%粉锈宁或50%多菌灵、15%三唑酮可湿性粉剂干拌种。

（2）播种　采用大田直播的方式，播种期应选在清明节之前。播种前深翻土壤，每亩施土杂肥或厩肥2500～3000千克、复合肥10～15千克，施肥后田面覆盖少量细土，开深20厘米、宽30厘米的排水沟，以利灌溉排水。以窝行距为30厘米×80厘米进行播种，播后覆厚3～4厘米的土，然后喷芽前除草剂控制畦面杂草生长。

（3）育苗移栽　一般在3月上旬整好苗床，撒播育苗，稍覆细土，并保持土壤湿润，30～40天后，苗高12～15厘米时即可移栽，株行距同直播，每窝栽苗2～3株，栽后浇稀粪水。

4. 田间管理

（1）间苗补苗　当苗长出3～4片真叶时进行间苗，株距保持在3～6厘米；当长出5～6片真叶时，按株距12～15厘米进行定苗。缺棵要及时补苗，每穴留3～4株壮苗。

（2）中耕除草　全生育期间，除草2～3次，苗高10厘米、30厘米、40～50厘米时除草，结合追肥培土进行，以防止倒伏，促进根系生长。

（3）肥水管理　追肥3次。第1次苗高5～10厘米时，结合定苗、除草进行，施有机肥15 000千克/公顷或硫酸铵150千克/公顷，第2次苗高30厘米或孕穗期，结合中耕除草进行，施有机肥22 500千克/公顷或硫酸铵150～225千克/公顷、过磷酸钙300千克/公顷，第3次在开花前，用2%过磷酸钙溶液225千克/公顷进行根外追肥。

（4）排灌　苗期、孕穗期、开花期和灌浆期应保证有足够的水分，遇干旱要及时浇水，保持土壤湿润，雨后要排除沟间积水。

（5）摘除脚叶　于拔节结束后，摘除第一分枝以下的老叶和无效分蘖，以利通风透光，促进茎秆粗壮，防止倒伏。

（6）人工辅助授粉　开花期于10～12时时，用绳索等工具，每隔3～4天人工振动植株上部，使花粉飞扬，对提高结实率有明显效果。

5. 病虫害防治

（1）黑穗病　建立无病留种田，及时拔除病株；施用充分腐熟的有机肥，合理轮作，对主发病地块，实行3年以上轮作；播种前用25%三唑酮或50%多菌灵按种子重量0.5%拌种，也可用1∶1∶100波尔多液浸种24小时或50%多菌灵300倍液浸种15分钟，也可将种子按1∶4的70℃水浸种，晾干后播种。扬花期用40%苯醚甲环唑2000倍液喷雾2～3次，每7～10天喷一次。

（2）叶枯病　加强田间管理，收获后应将病残株消除并集中烧掉，选用抗病、矮秆优良品种；种植前施足充分腐熟的有机肥，合理施用氮肥；抽穗期及时浇水，7月下旬可用50%代森锰锌600倍液或40%苯醚甲环唑2000倍液喷雾2～3次，每7～10天喷一次。

（3）玉米螟　播种前清洁田园；薏苡地周围种植蕉藕诱杀；心叶期用50%西维因粉0.5千克加细土15千克，配成毒土；用90%敌百虫1000倍液或Bt乳剂300倍液灌心叶。

（4）蚜虫　加强田间管理，结合中耕除草等农事操作时，采用20%吡虫啉1000倍液喷雾防治。

（5）黏虫　幼虫期用80%敌敌畏800倍液喷施，也可用糖醋毒液（糖∶醋∶白酒∶水=3∶4∶1∶27）诱杀成虫；化蛹期挖土灭蛹。

五、采收加工

1. 采收

采收期因品种和地区不同而异。早熟种小暑至立秋前（7月至8月初），中熟种处暑至白露（8月下旬至9月中旬），晚熟种霜降至立冬前（10月下旬至11月中旬）；南方一般在白露（9月上中旬），北方一般在寒露（10月上旬），以80%果实成熟为适宜收割期，不可过迟，避免成熟种子脱落减产。收割时选晴天割取全株或只割取茎上部，用打谷机脱粒或晒干后脱粒。

2. 加工

脱粒后晒干，扬去杂质，将净种子用碾米机碾去外壳和种皮，筛或风净后即成商品药材。薏苡仁在储存中易发生虫蛀和发霉，应在通风阴凉干燥处存储，并适时晾晒和定期烘焙。

六、药典标准

1. 药材性状

宽卵形或长椭圆形，长4～8毫米，宽3～6毫米。表面乳白色，光滑，偶有残存的黄褐色种皮；一端钝圆，另端较宽而微凹，有1淡棕色点状种脐；背面圆凸，腹面有1条较宽而深的纵沟。质坚实，断面白色，粉性。气微，味微甜。（图2）

2cm

图2 薏苡仁药材

2. 鉴别

本品粉末淡类白色。主为淀粉粒，单粒类圆形或多面形，直径2～20微米，脐点呈状；复粒少见，一般由2～3分粒组成。

3. 检查

（1）杂质 不得过2%。

（2）水分 不得过15.0%。

（3）总灰分 不得过3.0%。

（4）黄曲霉毒素 每1000克含黄曲霉毒素B_1不得过5微克，含黄曲霉毒素G_2、黄曲霉毒素G_1、黄曲霉毒素B_2和黄曲霉毒素B_1的总量不得过10微克。

（5）玉米赤霉烯酮 每1000克含玉米赤霉烯酮不得过500微克。

4. 浸出物

不得少于5.5%。

七、仓储运输

1. 仓储

储藏仓库内部应干燥、洁净，并且库内温度最好降低至10℃以下（7～10℃）；应保持仓库内湿度合理，避免泛油、变色、潮解等；贮藏前筛除薏苡仁中的粉粒和碎屑，保持米粒完整，避免生虫和发霉。

2. 运输

运输工具必须洁净卫生，无有毒有害物质；具有较好的通气性，以保持干燥，应严密防雨、防潮；不能引入其他中药材污染；不能与其他有毒中药材混堆；搬运时要轻拿轻放，防止重压和撞击摔打。

八、药材规格等级

根据大小及完整性将薏苡仁药材划分为"选货""统货"两个等级。应符合表1要求。

表1　规格等级划分

等级	性状描述	
	共同点	区别点
选货	呈宽卵形或长椭圆形。表面乳白色，光滑，偶有残存的黄褐色种皮。一端钝圆，另端较宽而微凹，有1浅棕色点状种脐。背面圆凸，腹面有1条较宽而深的纵沟。质坚实，断面白色，粉性。气微，味微甜	大小较为均匀，长0.45～0.70厘米，宽0.45～0.60厘米，具有米香气，无碎粒
统货		大小不等，长0.45～0.80厘米，宽0.30～0.65厘米，微有米香气，碎粒≤3%

九、药用食用价值

1. 临床常用

（1）水肿、小便不利、脚气　能淡渗甘补，有利水消肿、健脾补中之功。常用于脾虚湿盛之水肿腹胀，小便不利，多与茯苓、白术、黄芪等药配伍应用；治水肿喘急，与郁李仁汁煮饭服食；治脚气浮肿，常与防己、木瓜、苍术等配伍。

（2）脾虚泄泻　能渗除脾湿，健脾止泻，尤宜治脾虚湿盛之泄泻，常与人参、茯苓、白术等配伍应用。

（3）湿痹拘挛　具有渗湿除痹的功效，能舒筋脉，缓和拘挛。常用治湿痹而筋脉急痛者，与独活、防风、苍术配伍应用；治风湿久痹，筋脉挛急，用薏苡仁煮粥服。

（4）肺痈、肠痈　具有清肺之热，排脓消痈之功效。治肺痈胸痛，咳吐脓痰，常与苇茎、冬瓜仁、桃仁等配伍应用；治肠痈，可与附子、败酱草、牡丹皮同用。

（5）黄汗　具甘淡凉之属性，健脾、补肺、清热、利湿之功效，治疗黄汗偏于湿热内盛者，疗效颇佳。

（6）石淋　具有性偏微寒之功效，能清热利湿，可用于石淋。临床上可取薏苡仁研末，加少许白糖拌匀，每服30克，每天2次。服后大量饮水，同时配以跳跃运动促进排石，亦可在排石方药中加用薏苡仁。

2. 食疗及保健

（1）清补食品　薏苡仁为我国传统的滋补药用佳品，可做成粥、饭及各种面食，还可用薏苡仁炖猪脚、排骨等。如珠玉二宝粥、郁李苡仁饭、四神猪肠煲等。

①珠玉二宝粥：薏苡仁50克，山药150克，柿饼30克，白砂糖15克。制法：将山药洗净煮熟，去皮切丁。将薏苡仁洗净，用冷水浸泡2小时后捞出沥干。薏苡仁用武火煮沸后，继之以文火煮至粥状，再加入山药丁、柿饼和白砂糖，煮熟即可随意服用。功效：补肺利湿，清热排脓。

②郁李苡仁饭：郁李仁60克，薏苡仁200克。制法：郁李仁研烂，用水滤取药汁，取薏苡仁用郁李仁汁煮成饭，分2次食。功效：利水消肿。郁李仁与薏苡仁功效相似，其味微苦不甚适口，故仅取汁用。

③四神猪肠煲：猪肠600克，薏苡仁40克，芡实25克，莲子80克，山药80克，茯苓10克，盐适量。制法：猪肠洗去油脂，洗净，翻过来，用盐或醋洗净肠液，再用沸水烫洗。将洗净的猪肠放入大深锅内，加水至8分满，再加山药、茯苓、芡实，用大火煮沸后，改用小火煮20分钟，在锅内加入浸泡好的莲子和薏苡仁，用小火煮至猪肠烂熟，加盐少许，即可。功效：健脾止泻，增进食欲。

（2）美容减肥品　薏苡仁富含蛋白质、维生素E，是一种美容减肥食品，可以保持人体皮肤光泽细腻，能使粉刺、雀斑、老年斑、妊娠斑、蝴蝶斑逐渐消退，对脱屑、皲裂、皮肤粗糙等问题也有良好的疗效。

①薏仁蜂蜜茶：薏苡仁打粉，加入蜂蜜调味，代茶饮用。薏苡仁具有清热利湿的功效，搭配滋阴养颜、润肠排毒的蜂蜜，可以清除体内湿热，改善因湿热引起的痤疮、色斑等，让肌肤更加娇嫩。

②薏米燕麦红豆粥：薏苡仁、燕麦各30克，红豆20克，大米10克，冰糖适量。薏苡仁与红豆搭配有很好的利水减肥效果；燕麦含有丰富的水溶性膳食纤维，能够吸收人体内胆固醇促其吸收外，能消脂减肥。

③薏苡荷叶山楂茶，三者搭配，具有清热、利湿、消肿的功效，适合痰湿体质的肥胖者饮用。

参考文献

[1] 陈谦海，李永康. 贵州植物志[M]. 第五卷. 贵阳：贵州科学技术出版社，1988：648.

[2] 章洁琼，朱怡. 贵州薏苡产业发展的现状及对策[J]. 贵州农业科学，2015，43（4）：217–219，226.

[3] 周明强，雷朝云，周正邦，等. 贵州省薏苡的生产加工现状及发展潜力分析[J]. 湖北农业科学，2011，50（22）：4661.

[4] 吴庆华，韦荣昌，林伟. 薏苡栽培技术研究进展[J]. 现代中药研究与实践，2014，28（4）：75–78.

[5] 李翠霞，张兴长. 薏苡栽培技术[J]. 上海农业科技，2015（2）：71，95.

[6] 李萍. 薏苡的栽培技术[J]. 农技服务，2014，31（6）：65.

[7] 左德川. 薏苡的特征特性及高产栽培技术[J]. 农技服务，2009，26（4）：138–139.

[8] 邱星菊. 薏米主要病虫害发生规律及防治方法[J]. 上海农业科技，2014（4）：141，147.

[9] 范世明，陈丹，黄璐琦，等. T/CACM 1021.53—2018. 中药材商品规格等级薏苡仁[S]. 中华中医药学会，2018.

yin yang huo

淫羊藿

本品为小檗科植物淫羊藿*Epimedium brevicornu* Maxim.、箭叶淫羊藿*Epimedium sagittatum*（Sieb. et Zucc.）Maxim.、柔毛淫羊藿*Epimedium pubescens* Maxim.或朝鲜淫羊藿*Epimedium koreanum* Nakai的干燥叶。

一、植物特性

1. 淫羊藿

多年生草本。根状茎粗短，木质化，暗棕褐色。二回三出复叶基生和茎生；基生叶具

图1　淫羊藿原植物

长柄，茎生叶对生；小叶纸质或厚纸质，卵形或阔卵形，先端急尖或短渐尖，基部深心形，顶生小叶基部裂片圆形，近等大；花茎具2枚对生叶，圆锥花序，序轴及花梗被腺毛；花白色或淡黄色；萼片2轮，外萼片卵状三角形，暗绿色，内萼片披针形，白色或淡黄色；花瓣远较内萼片短，距呈圆锥状，瓣片很小。宿存花柱喙状。花期5～6月，果期6～8月。（图1）

2. 箭叶淫羊藿

　　多年生草本。根状茎粗短，节结状，质硬，多须根。一回三出复叶基生和茎生，小叶革质，卵形至卵状披针形，叶片大小变化大，先端急尖或渐尖，基部心形，顶生小叶基部两侧裂片近相等，圆形；花较小，白色；萼片2轮，外萼片4枚，先端钝圆，具紫色斑点，内萼片卵状三角形，先端急尖，白色；花瓣囊状，淡棕黄色，先端钝圆；花柱长于子房。花期4～5月，果期5～7月。

　　柔毛淫羊藿为多年生草木。根状茎粗短，有时伸长，被褐色鳞片。一回三出复叶基生或茎生；茎生叶革质，卵形、狭卵形或披针形，疏被柔毛，先端渐尖或短渐尖，基部深心形，有时浅心形，顶生小叶基部裂片圆形，几等大；萼片2轮，外萼片阔卵形，带紫色，内萼片披针形或狭披针形，急尖或渐尖，白色；花瓣远较内萼片短，囊状，淡黄色；蒴果长圆形，宿存花柱长喙状。花期4～5月，果期5～7月。

朝鲜淫羊藿为多年生草本。根状茎横走，褐色，质硬，多须根。花茎基部被有鳞片。二回三出复叶基生和茎生；小叶纸质，卵形，先端急尖或渐尖，基部深心形，基部裂片圆形，侧生小叶基部裂片不等大，上面暗绿色，无毛，背面苍白色，无毛或疏被短柔毛，叶缘具细刺齿。总状花序顶生，具4～16朵花，无毛或被疏柔毛；花大，颜色多样，白色、淡黄色、深红色或紫蓝色；萼片2轮，外萼片长圆形，带红色，内萼片狭卵形至披针形，急尖，扁平；花瓣通常远较内萼片长，向先端渐细呈钻状距，基部具花瓣状瓣片。蒴果狭纺锤形。种子6～8枚。花期4～5月，果期5月。

二、资源分布概况

淫羊藿分布于陕西南部、甘肃南部和东部、河南东部以及四川、青海、湖北、宁夏；箭叶淫羊藿分布于浙江、安徽、江西、湖北、四川、福建、广东、广西等省区；柔毛淫羊藿分布于陕西南部、甘肃南部、湖北西北部、四川北部至中西部、河南、贵州、安徽等省；朝鲜淫羊藿分布于吉林、辽宁、浙江、安徽。

滇桂黔石漠化区域野生蕴藏量较大，仍是药材主要来源，其种植的淫羊藿（包括野生抚育）主要为箭叶淫羊藿和柔毛淫羊藿，箭叶淫羊藿分布于黔东南地区，柔毛淫羊藿分布于铜仁、遵义、雷山等地区。此技术为箭叶淫羊藿和柔毛淫羊藿的种植及加工技术。

三、生长习性

喜阴湿，对光较为敏感，忌烈日直射，要求遮光度80%左右；对土壤要求较严格，以中性酸、疏松、含腐殖质、有机质丰富的砂壤土为佳。

四、栽培技术

1. 种植材料

可分有性繁殖和无性繁殖。种子选取充分成熟、饱满完整者为佳。种苗以多年生带根茎的野生苗为主，亦可用其地下具芽头根茎或种子繁育的人工实生苗为母株。

2. 选地与整地

（1）选地　育苗地应选择阴坡、半阴半阳地段有机质含量和土壤肥力较高的砂壤土为佳。造林地应选择阴坡、土质疏松肥沃、排灌方便的地块，以阴湿中性偏酸或稍偏碱、疏松、腐殖质、有机质含量丰富的砂壤土为好。

（2）整地　于9～10月整地，深翻20～30厘米，将土块打碎，清除杂草及石块。精耕细耙，施入约500千克/亩农家肥或有机肥75千克/亩作基肥，底肥可在种植时点施或沟施。耙细整平作畦，畦宽1～2厘米高20厘米，畦间作业道30厘米，四周开好排水沟，不同品种间须设隔离带。

3. 播种

（1）无性繁殖　①种苗处理：选阴天采挖多年生野生健壮植株，按地下横走茎的自然生状态及萌芽情况分株。每株带1～2个芽，剪去地上部分，留长5～10厘米；去掉干枯枝叶，捆成小束待种。在分株过程中，应视每株地下根茎的发育状况进行分株，不可强分，以免伤根，不利于实生苗植株的萌发；②移栽定植：时间为10月下旬至翌春3月下旬，采用沟植或窝植，行株距20厘米×25厘米，深10～15厘米，每公顷下种量1120～1500千克，施底肥量3万千克。覆土5厘米，压紧，使根系与土壤充分接触，以利于萌发，种后浇足定根水。

（2）有性繁殖　①种子处理采用温汤浸种，置于室温下，保持种子湿度，其发芽率可达45%；②播种：将当年采收、室温贮存并经处理的种子与10倍细泥（沙）拌匀后，按10～15克/平方米的播种量，均匀地撒播床面，或是在整好的苗床上开行距10～15厘米，深约5～7厘米的横沟，将与泥（沙）混匀的种子按间距2～3厘米的要求，撒播于浅沟中，播后覆以农家肥：草木灰：细泥（3：2：5）的细肥土后，在畦面上盖一层枯死杂草或稻草等，以利保湿。待到出苗时，应适时适当揭去畦面覆盖物，以利出苗。③炼苗：幼苗在播种苗床内长到3～6厘米，具1～2片真叶时，可将其起苗假植于荫棚内的假植床中。假植时，按3厘米×4厘米的密度择阴天进行栽植。假植时还要注意栽植的深度，一般2厘米左右，并压紧根部使根与土壤充分接触，然后再浇足定根水。④移栽定植：10月下旬至翌春3月下旬，当苗高8～10厘米，具2～3片真叶时，可陆续取苗出圃移栽定植。其移栽定植方法可采用沟植或窝植，行株距20厘米×25厘米，深10～15厘米，每公顷下种量1120～1500千克，施底肥量3万千克。覆土5厘米，压紧，使根系与土壤充分接触，以利于萌发，种后浇足定根水。

4. 田间管理

（1）补苗 立春2～3月出苗后，及时拔出弱苗、病苗，选阴天补苗种植，以保证基本苗数。

（2）搭棚遮阴 无自然遮阴条件的地块，应搭棚遮阴。高棚1.8～2.0米，矮棚1～2米。林下种植，应对树枝作适当修剪，以合理调节其透光度。

（3）中耕除草 结合中耕进行除草，以畦面少有杂草为度。在生长旺季，可每10天除草一次；秋冬季可30天左右除草一次。

（4）灌溉 喜湿润土壤环境，尤其是出苗后的1个月，是促进苗生长的关键时期，应适时灌溉，保证阴湿；干旱会造成其生长停滞或死苗。如果在夏季连续晴5～6天，就必须于早晚进行人工浇水。喀斯特区域的土壤最不耐旱，浇水的次数要适量增多，而黏质土壤保水能力较强，则应适当减少浇水次数。雨后，如地面积水严重，应及时开沟防渍。

（5）追肥 幼苗出土后的第一个月是生长的关键时期，应结合灌溉、松土，及时追施提苗肥：每公顷施1.5万千克农家肥或适量饼肥。收割后每公顷施1.5～4.5万千克有机肥，如堆肥、土杂肥等，以补充土壤营养的消耗。

（6）冬季管理 冬季管理的主要工作是将枯枝落叶清除，集中堆沤或烧毁，以减少病虫害的发生。

（7）施肥 在第一年的10月至11月结合整地开畦时施入底肥，一般施1000～3000千克/亩。翌年3月底到6月追施一次或两次，一般情况下无机氮肥施入量不超过5千克/亩，有机复合肥10～30千克/亩；促芽肥与翌年10～11月施一次，施农家肥1000千克/亩，或有机复合肥10～20千克/亩；每采收后应及时补充土壤肥料，一般可施农家肥100～2000千克/亩，或有机复合肥20～30千克/亩。底肥于开畦后定植前，挖定植穴或条时，将肥料均匀放入穴或条内，并将肥料与周围土壤混匀。追肥主要采用穴施，追肥时切勿将肥施到新出土的枝叶上，应该近株从的基部施入，并根据施肥种类覆土或部覆土。

5. 病虫害防治

目前种植实践中，病虫害的发生较少。仅偶见小甲虫咬食叶片使成孔洞，或有蛾类幼虫咬食幼苗茎秆或叶片，将茎秆咬断及危害叶片形成网纹的重回还现象。亦偶见霉污病发生，影响其光合作用。可采取整地翻地、松土除草、清理田园、人工捕捉等综合防治措施进行防治；或采取化学药剂配制毒土、毒饵进行防治。

五、采收加工

1. 采收

（1）采收期　种植2年后便可采收，通常一年采收2次。第一次可于夏季6月果熟后，第二次可于秋季11月采收。

（2）采挖方法　采收时齐地面割取地上部分。连续采收几年后，常会影响后期发育，影响其越冬芽及来年的新叶产量和质量。为此，连续采割3～4年后，应轮息2～3年以恢复种群活力。

2. 加工

将地上茎叶采收捆成小把，置阴凉通风干燥处阴干或晾干。挑出杂质、粗梗及有可能混入的异物，以保证药材质量。

六、药典标准

1. 药材性状

（1）箭叶淫羊藿　一回三出复叶，小叶片长卵形至卵状披针形，长4～12厘米，宽2.5～5厘米；先端渐尖，两侧小叶基部明显偏斜，外侧呈箭形。下表面疏被粗短伏毛或近无毛。叶片革质。（图2）

（2）柔毛淫羊藿　一回三出复叶；叶下表面及叶柄密被绒毛状柔毛。（图3）

2cm

图2　箭叶淫羊藿

2cm

图3　毛淫羊藿

2. 鉴别

（1）箭叶淫羊藿　上、下表皮细胞较小，下表皮气孔较密，具有多数非腺毛脱落形成的疣状突起，有时可见非腺毛。

（2）柔毛淫羊藿　下表皮气孔较疏，具有多数细长的非腺毛。

3. 检查

（1）杂质　不得过3.0%。

（2）水分　不得过12.0%。

（3）总灰分　不得过8.0%。

4. 浸出物

不得少于15.0%。

七、仓储运输

1. 仓储

置通风干燥处，防蛀。药材仓储要求符合NY/T 1056—2006《绿色食品 贮藏运输准则》的规定。仓库应具有防虫、防鼠、防鸟的功能；要定期清理、消毒和通风换气，保持洁净卫生；不应与非绿色食品混放；不应和有毒、有害、有异味、易污染物品同库存放；在保管期间如果水分超过12%、包装袋打开、没有及时封口、包装物破碎等，导致淫羊藿吸收空气中的水分，发生返潮、结块、褐变、生虫等现象，必须采取相应的措施。

2. 运输

运输车辆的卫生合格，温度在16～20℃，湿度不高于30%，具备防暑防晒、防雨、防潮、防火等设备，符合装卸要求；进行批量运输时应不与其他有毒、有害、易串味物质混装。

八、药材规格等级

根据市场流通情况及叶片色泽、叶占比、碎叶占比进行等级划分。应符合表1要求。

表1　规格等级划分

等级	性状描述	
	共同点	区别点
一等	柔毛淫羊藿，一回三出复叶，小叶片卵状披针形，长宽比约2∶1，长4～13厘米，宽3～8厘米，近革质。叶下表面及叶柄处密被绒毛状短柔毛，小叶柄长3～7厘米。箭叶淫羊藿三出复叶，小叶片卵形至卵状披针形，长4～12厘米，宽2.5～5厘米，先端渐尖，两侧小叶基部明显偏斜，外侧呈箭形。下表面疏被粗短伏毛或近无毛。小叶柄长4～18厘米，叶片革质。气微，味微苦	叶上表面呈绿色至深绿色。叶占比≥85%，碎叶占比≤1%
二等		叶上表面呈淡绿色至黄绿色。75%≤叶占比<85%，1%<碎叶占比≤2%
三等		70%≤叶占比<75%，2%<碎叶占比≤3.5%

注：1. 市场另有淫羊藿陈货，叶片色泽基本转变为黄色或褐色，质地软化，此类商品质量差，不在规格等级范围内，注意区分。

2. 市场尚有同属近缘物种混杂情况，应注意仔细鉴别。

九、药用价值

1. 肾阳虚衰证

本品性温燥烈，常于补肾壮阳起痿。治疗肾阳虚衰之男子阳痿不育，与巴戟天、枸杞子、熟地黄等同用；治疗女子宫寒不孕，与补益精血、暖宫助孕之品如鹿茸、当归同用；治遗尿尿频，多与巴戟天、桑螵蛸等补肾阳，缩小便之品同用，以温肾缩尿；治疗肾虚咳喘，可与补骨脂、胡桃肉等同用，以温肾纳气。

2. 肝肾不足、风湿痹痛

本品具有补肝肾、强筋骨、祛风湿的功效，可与杜仲、巴戟天、桑寄生等配伍治疗肝肾不足之筋骨痿弱，步履维艰。治疗风湿久痹，肢体拘挛麻木或疼痛，可与祛风湿，通经络之品同用，如《太平圣惠方》仙灵脾散，以之与威灵仙、苍耳子、桂心同用。

参考文献

[1] 马宏亮，黄璐琦，郭兰萍，等. T/CACM 1021.22—2018. 中药材商品规格等级淫羊藿[S]. 中华中医药学会，2018.

[2] 中国科学院中国植物志编辑委员会. 中国植物志[M]. 第二十六卷. 北京：科学出版社. 1996：296–298.

[3] 彭成. 中华道地药材[M]. 下册. 北京：中国中医药出版社. 2011：4248–4268.

[4] 贵州省药品监督管理局. 贵州省中药材、名族药材质量标准[S]. 贵阳：贵州科技出版社. 2003：350，422.

[5] 康帅，周超，何轶，等. 淫羊藿与其伪品——栓皮栎叶的鉴别研究[J]. 中国中药杂志，2015，40（9）：1676–1680.

[6] 冉懋雄，魏德生，邹剑灵，等. 贵州淫羊藿野生资源与规范化种植及其保护抚育研究[J]. 中国医学生物技术应用，2002（3）：1–14.

[7] 冉懋雄，魏德生，邹剑灵，等. 淫羊藿规范化种植与保护抚育标准操作规程（SOP）[J]. 中国现代中药，2002，4（9）：17–20.

[8] 魏德生，胡宝成，付小兵，等. 巫山淫羊藿保护抚育种植试验初报[J]. 现代中药研究与实践，2010（5）：14–16.

[9] 彭成. 中华道地药材[M]. 北京：中国中医药出版社，2011：4248–4268.